JN063558

農民家族経営と「将来性のある農業」

村田 武 著

筑波書房

はじめに

本書は昨年2020年7月に筑波書房より刊行いただいた『家族農業は「合理的農業」の担い手たりうるか』の続編である。

同書の「Ⅱ　マルクスの「合理的農業」と現代の家族農業」では、大経営の「工業的農業」ではなく、家族農業経営こそ「自然と人間の物質代謝の亀裂を克服する合理的農業」の担い手たりうると主張した。この議論をさらに論証するための研究のなかで注目したのが、旧東ドイツにおける動きである。

同書の「Ⅲ　なぜ農民経営か」で紹介したミヒャエル・ベライテスの『スイスモデルか、カザフスタンモデルか―ザクセン州農村の発展をめざす農業政策についての「覚書」―』が、旧東ドイツにおいて、かつてユンカー経営支配のオストエルベ（エルベ川よりも東の地域）はともかく、少なくともザクセン州やチューリンゲン州など農民経営地帯では農民家族経営の再生が農村発展には必要ではないかという主張を行っており、たいへん興味深い論点を提示しているとの評価をいただいた。

東部ドイツではドイツ民主共和国（DDR）時代の社会主義集団農場であった農業生産協同組合（LPG）は、1990年のドイツ再統一後に組合員が自ら所有していた農地を取り戻して自立した農民家族経営を再建したのはほんのわずかにとどまり、そのほとんどが協同組合ないし有限会社の大農場に再編された。そして、その新たな法人大農場が、とくに2008年リーマンショック後に、次々と西部ドイツの農外資本に買収されることになったのである。それにともなう農地価格と地代の急騰が、地元農業者の規模拡大や農民家族経営の創設を困難にした。そうしたなかで、ブランデンブルク州（この州はその北のメクレンブルク・フォアポンメルン州とともに、上述の「オストエルベ」地域である）では、地元農業者が地域の中核経営を構成する「農業構造の多様性」を確保できるようにする「農業構造法」を法制化して農村の過疎化と疲弊を打破しようとする動きが生まれている。地域農業構造のなかで「農民的家族経営」（der bäuerliche Bauernbetrieb）が中核になるのが望ましいといった議論も盛んになってきた。

そこで本年2021年の夏にブランデンブルク州の法人大経営を調査し、これまでの農民経営研究を踏まえて、「環境危機への農民家族経営と企業的大農場の対応に関する比較研究」に発展させる計画を立てたのが、昨2020年秋であった。その調査結果をふまえた研究成果を発表したいというのが当初の思いであった。しかし、残念ながら新型コロナウイルス感染の蔓延が食い止められる見通しが得られないなかで、今年中の調査計画は断念せざるをえない。しかし、前著に対していただいた疑問や批判への回答を引き延ばすわけにはいかない。さらに議論からあいまいさを少しでも取り除こうとしてのこの半年の研究成果が本書である。

前著の「あとがき」で、私は、現代の家族農業はマルクスの「合理的農業」を担えるとした論拠に、現代は「資本主義が農業を直接かつ実質的に包摂する時代、すなわち農業の生産力が大経営だけでなく小規模家族農業でも完全に『機械制大工業』の段階に到達した時代である」ことを挙げていた(1)。本書では、それをさらに明確にする意味で、現代の先進国の「農民家族経営」は19世紀末からロシア革命期における「小農」とは歴史的範疇を異にするという議論を提起した。

序章では、国連の「農民の権利宣言」の意義を強調した。

第1章では、最新の農業技術革新である「農業の工業化」が、地球温暖化・気候変動や自然環境・生態系破壊とどう関わっているかをみた。

第2章では、現代の農民家族経営の歴史的範疇としての特徴づけを行うとともに、「将来性のある農業」をめぐるA・ハイセンフーバー教授の論稿を紹介した。

第3章は、前著の「Ⅱ　マルクスの「合理的農業」と現代の家族農業」の増補改訂版である。マルクスと日本農業との関わりに言及するとともに、「社会主義国」における農業集団化やその解体等についての諸研究をフォローした。

第4章は、わが国の「将来性のある農業」の方向を提案している。これは『農業協同組合新聞』2020年7月20日号に掲載されたものである。

注

（1）この資本主義と農業をめぐる問題に関しては、いわゆるフードレジーム論者に議論のあることを磯田宏が紹介している。
それによれば、H・フリードマンは、フードレジーム論者のなかに資本主義と農業をめぐる議論があり、①P・マクマイケルが「農業問題が依然として資本主義の主要矛盾である」として、企業フードレジームと食料主権運動の対抗を意義づけるのに対して、②H・バーンスタインは「資本が農業を従属させ、資本の農業問題は解決された」、したがって「資本蓄積における農業セクターだけを抜き出したり特別扱いする理由などなくなってしまう」としている。そのうえで、フリードマンは、「両方が実はフードレジーム分析の有用性の終焉という共通した帰結を含意している」と批判的に指摘しているとのことである。このたいへん興味深い議論は The Journal of Peasant Studies, 2016, Vol.43, No.3, pp.611-692 に掲載された BERNSTEIN-MCMICHAEL-FRIEDMANN DIALOGUE ON FOOD REGIMES である。磯田宏「新自由主義グローバリゼーションと国際農業食料諸関係再編」田代洋一・田畑保編『食料・農業・農村の政策課題』筑波書房、2019年所収、52ページ注（10）および57ページ注（13）。フリードマンのこの「批判的な指摘」をどう評価するかは保留せざるをえないが、私の本書における研究は、フードレジーム論がどうも「欠落させている」ように見える論点――「　」付きにしたのは、それをいまだ明確に指摘できないから――を埋める作業でもあるのではないかと考えている。

目次

序章　国際的農業危機と国連の「農民の権利宣言」

国連は、２０１７年12月20日の第72回総会で、２０１９〜28年を「国連家族農業の10年」とすることを全会一致で採択し、さらに翌２０１８年12月17日の第73回総会では、「農民と農村住民の権利宣言」（以下では、「農民の権利宣言」）を採択した。この「国連家族農業の10年」、「農民の権利宣言」の国連での採択は、いずれもＷＴＯ農産物自由貿易体制が生み出した国際的な農業危機、とくに途上国の農民の危機を背景にした国際的農民組織ビア・カンペシーナの運動の広がり、それがとくに国連人権理事会や食料の輸入に依存する低開発途上国を動かしたことの力が大きい(1)。

ちなみに、前者が全会一致であったのに対し、後者は、賛成が１２１か国と3分の2を超えたものの、反対がアメリカ・イギリス・オーストラリア・ニュージーランドなど農産物輸出先進国を中心に8か国、棄権が日本・ドイツ・フランス・ロシアを含む54か国であった。途上国のなかでは、メキシコやインド、アフリカ諸国のほとんどが賛成したのに対し、ブラジルとアルゼンチンが棄権に回ったのは、アグリビジネスの主導する農産物輸出に経済成長を依存していることを反映してのことであろう。

さて、ビア・カンペシーナという途上国発の農民運動の役割が決定的であった「国連家族農業の10年」は、その最大の課題は、WTO農産物自由貿易体制の転換・「食料主権」と、途上国政府に国内農業・農民保護政策への転換を求めることにあった。そして、「家族農業の10年」は新自由主義グローバリズムが生み出した格差と貧困、環境破壊との闘いを国際社会に呼びかけたSDGs（持続可能な開発のための2030アジェンダ。2015年9月の「国連サミット」で採択）の目標達成のための処方箋のひとつであった。すなわち、アグリビジネス多国籍企業が主導する農業の「工業化」による生産力上昇と自由貿易による農業国際分業の強制では、途上国における飢餓の克服にも農村住民の貧困からの脱出にもつながらない。また、気候変動に対処し、資源の持続的利用を可能にする持続的かつ環境保全型農業の発展と飢餓克服には、世界農業の大半を担う小規模家族農業を擁護することこそが正しい方向であることを国際社会に提起したのである。

これに対し、欧州先進国では、食品加工・流通資本への農民家族経営の対抗力の強化とそれへの政府支援を求める運動に対して、公正（フェア）を求める運動としての理念を「農民の権利宣言」が提供することになった。西欧やアメリカでは、アグリビジネス多国籍企業が主導する「農業の工業化」路線へのオルタナティブをめざす小規模家族農業による有機農業や、食料の地産地消運動（ローカルフード運動）が広がっている。アメリカでは、大都市近郊や、大規模穀作農業に必要な広大な農地に恵まれない地域で、１９８０年代に本格化した有機農業やＣＳＡ（地域に支えられる農業）を足場に、農業の「工業化」へのオルタナティブであることを自覚し、気候条件や土地資源に十分配慮した環境適合型で、コミュニティの再生と結合したローカルフード運動を担おうという中小規模家族農場が存在し、都市住民の貧困対策と小規模家族農業擁護を一体的に進めようという運動が起こっている(2)。

環境先進国ドイツでは、連邦政府の気候変動対策や生態系保全をめざす積極的な政策に対しては、それを実施する基本的な担い手が家族農業経営であることが明確になってきている(3)。

「農民の権利宣言」は、バイオテクノロジーに依拠した化学・種子アグリビジネスが主導する「農業の工業化」とされる現代の農業技術革新が自然環境破壊を引き起こし、食品加工・流通大企業の支配力の高まりによって、先進国・途上国のいずれでも、農業経営の生産過程までが直接にアグリビジネス企業の利潤獲得過程に組み込まれる事態に対しての軌道修正を国連加盟国に求めるものであった。「農業の工業化」と農産物自由貿易を推進してきたアメリカを先頭に、農産物輸出先進国政府が採択に反対したのは、この権利宣言がアグリビジネス企業支配に対してたいへん戦闘的であったからである。わが国政府が、これに賛成票を投じなかったのは、対米従属外交のもたらしたものであろう(4)。

第１章以下の行論との関係で、「農民の権利宣言」の「農業の工業化」による自然環境破壊に関わる問題についてのいくつかの条項を確認しておこう。

第14条と第20条である。

第14条（職場での安全と健康に対する権利）

4．加盟国は、以下を保障するため、あらゆる必要措置をとる。

(a) 技術、化学物質、および農業行為からもたらされる健康と安全に対するリスクを防止すること、このための方策には、これらの禁止および規制が含まれる。

(b) 農業で使用する化学物質の輸入、分類、梱包、流通、ラベリング、使用に関する特定の基準、およびそれらの禁止あるいは規制に関する一定の基準を管轄機関が定めることを通じて、適切な国の制度またはその他の制度を承認すること。

(c) 農業で使用する化学物質の製造、輸入、調達、販売、移動、貯蔵、廃棄に関わる者は、国またはその他（の機関）による安全衛生基準に従い、公用語または国内の諸言語などの相応しい言語を用いて、十分かつ適切な情報を使用者に提供すること。また、要請に応じて、管轄機関に対しても情報を提供すること。

(d) 化学廃棄物、古くなった化学物質、化学物質の容器の安全な回収、再利用、廃棄に関する適切な制度を構築し、これらの目的外使用を阻み、安全衛生および環境へのリスクの解消と最小化を図ること。

(e) 農村で一般に使用される化学物質がもたらす健康ならびに環境上の影響に関して、また、化学物質の利用に代わるその他の方法に関して、教育と公衆啓発プログラムを開発し実施すること。

第20条（生物多様性に対する権利）

1. 加盟国は、関連する国際法に従い、農民と農村で働く人びとの権利の完全なる享受の促進と擁護のため、生物多様性の消滅を防ぎ、その保全および持続可能な利用を保障すべく、適切な措置をとる。

2. 加盟国は、生物多様性の保全とその持続可能な利用に関係する、伝統的な農耕、牧畜、林業、漁業、家畜、アグロエコロジーのシステムを含む、農民と農村で働く人びとの伝統的な知識、イノベーション、実践を振興し保護すべく、適切な措置をとる。

3. 加盟国は、あらゆる遺伝子組換え作物の開発、取引、輸送、利用、移転、流出がもたらす、農民と農村で働く人びとの権利に対する侵害のリスクを防止する(5)。

ところで、国連がいう「農民」はpeasantであって、それは家族労働力が主たる担い手である小規模な家族農業を営む「農民」である。なるほど国連が２０１４年を「国際家族農業年」とし、ローマに本部を置くＦＡＯ（国連食糧農業機関）の委員会のひとつである世界食料保障委員会が小規模家族農業経営の存在に着目し期待したのは、ヨーロッパにおける家族農業経営の存在が農業・農村問題にとどまらず、社会経済問題全体にとって、ＥＵ農政のあり方とも関わって断続的に議論されてきたという背景もあってのことである。しかし、「国連家族農業の10年」の場合には、それが国連人権理事会で主導権を握る途上国の発議であっただけに、それは主として途上国の農民として理解されたのはやむをえないことであろう。だからこそ、国連総会でもこの決議は満場一致であった。

他方で、「農民の権利宣言」の場合には、そこでいう peasant には、途上国の農民だけでなく、先進国の農民、すなわち小規模家族農業経営も含まれると認識されたからこそ、国連総会では先進国を中心に反対票が8か国、棄権票が54か国にもなったのである。

ちなみに、拙著『現代ドイツの家族農業経営』（筑波書房、２０１６年）の第5章「有機農業運動と新しい加工販売組織」で紹介した「シュベービッシュ・ハル農民生産者共同体」は、２０１７年3月7・8日に、バーデン・ヴュルテンベルク州の小さな町シュベービッシュ・ハルで「農民の権利宣言」の国連での採択を求める国際農民大会（INTERNATIONAL CONGRESS GLOBAL PEASANTS' RIGHTS）を、世界各国から４５０名の参加者を集めて開催している。そこでは peasant は Bauer（農民）とまったく同じものとして理解されていた。peasant は先進国の小規模家族経営をも含むものであったのである。「シュベービッシュ・ハル農民生産者共同体」は、シュベービッシュ・ハルの近郊ヴォルバーツハウゼンに本拠地を置き、消滅しかかった地域在来豚品種の再生（ＥＵの地理的表示保護認証の取得）と有機養豚を土台に、養豚家族経営を組合員とする協同組合型の畜産加工販売組織であって、ホーエンローエ地域農業の維持に大きな成果を上げ、全ドイツで知られる存在になっている(6)。

ここで、以下の行論との関わりで、peasant（Bauer）範疇について明確にしておきたい。わが国で「小農」とは、現代の農家あるいは小規模家族農業経営を指す用語ではなく、もっぱら戦前の寄生地主制度のもとでの農民――その4割は1～2ヘクタールの自小作農――に対して与えられた用語であった。国連の peasant は「小農」ではなく、「農民」と訳せばよいのである(7)。

「小農」とは、エンゲルスが「フランスとドイツの農民問題」(8)で指摘したような19世紀末のドイツの Kleinbauer、すなわち「小規模な農民」の訳語としても定着したものである。エンゲルスは、当時の雇用労働力に依存しない小規模農民を Kleinbauer とし、規模が大きく雇用に依存する Mittelbauer（中規模農民）や Großbauer（大規模農民）と区別したのであって、Kleinbauer は、その先祖である農奴的農民や隷農とは、①大多数はフランス革命で封建的負担と役務から解放された自分の農地を自由な財産として与えられており、②自治的なマルク協同体の保護と成員としての権利を失ったために役畜を購入飼料で飼育せざるをえないうえに、③農耕と家内手工業の自給経済から家内工業を喪失しているという、3点で区別される、すなわち、封建的隷属関係から基本的に解放された農民的分割地所有にもとづく、主として自分の小土地で、自分の農機具や家畜を用いて、自家労働力の家族協業で生産し生活を再生産する、生産と生活が一体化した存在であるとしたのである。

それにたいして現代の先進国における小規模家族農業経営は、①第2次世界大戦後の農業近代化政策の洗礼を受けて、②機械制農業にふさわしい農業経営規模を、離農した中小零細農民からの多くは数ヘクタール規模の分散した農地の借地で実現しており、③Kleinbauerには残されていた家父長制的家族内での支配従属関係も消滅し、基本的に農業労働から経営主の妻が解放されており、つまり農業労働は家族協業ではなく経営主（+後継者がいれば後継者）と補完的雇用労働力によるものである。したがって、生産と生活は基本的に分離された存在である。

さらに、重要であるのは、かつてのKleinbauerがいわば丸裸の孤立した経営であったの対し、現代の先進国における小規模家族農業経営は、④農産物加工流通や農業投入財の購入での協同組織（協同組合）、さらに農業機械の共同利用（ドイツやオーストリアでは「マシーネンリンク」）などで、幅広い協業（アソシエーション）を組織し、経営間ネットワークを構築していることである[9]。

かくして、農業生産力のいわばマニュファクチュア段階の小規模耕作をおこなう分割地農民であったKleinbauer（小農）と、現代の先進国の農民家族経営（bäuerlicher Familienbetrieb）――本書第2章で説明するように、それは「資本型の家族経営」――は、小経営的生産様式としては共通するにしても、両者は歴史的範疇を異にする存在である。

なお、歴史的に「小農」を欠いた新開国（アメリカ、カナダ、オセアニアなど）で19世紀末に成立した輸出農業を担う「商業的家族農場」（commercialised 'family farm'）[10]は、それが20世紀半ばに

「資本型の家族経営」に到達し、基本的に家族労働力に依存する小規模経営であるかぎりにおいて、「現代の先進国における小規模家族農業経営」とすることができよう。それは、アメリカの現代の農業センサスで'family farm'とされる経営のなかでは、農産物販売額が15～35万ドルの「小規模家族農場」である。

注

(1)こうした経緯については、小規模・家族農業ネットワーク・ジャパン（ＳＦＦＮＪ）『よくわかる国連「家族農業の10年」と「小農の権利宣言」』（農文協ブックレット、２０１９年３月）が詳しい。

(2)月刊『コモンズ』の２０１８年11月28日付Ｗｅｂ版は「『農民の権利宣言』国連で採択！　安倍政権は『棄権』で恥をさらす」と題して、「今回の宣言は、全28ヶ条でなり、・農村女性の権利、・食料や農業政策を決定する食料主権（Food Sovereignty）、自家採種の権利と手ごろな価格で種子を入手する権利…などが盛り込まれ、まさに世界を席巻するグローバリズム企業モンサント社などが見せる〈一私有企業による種子マネジメントの独占〉などの現況の不条理な大農法に真っ向から対決するものであり、関心を持たねばならない。」としている。

(3)拙著『家族農業は「合理的農業」の担い手たりうるか』（筑波書房、２０２０年）の1を参照されたい。

（4）村田武編著『新自由主義グローバリズムと家族農業経営』（筑波書房、２０１９年）参照。
（5）前掲『よくわかる国連「家族農業の10年」と「小農の権利宣言」』95ページ以下。訳を一部変更。
（6）BÄUERLICHE ERZEUGERGEMEINSCHAFT SCHWÄBISCH HALL, DREISPITZ Organ der Bäerlichen Erzeugergemeinschaft Schwäbisch Hall, 01/2019, S. 6-9.
　この「農民の権利宣言」に関わって、「シュベービッシュ・ハル農民生産者共同体」は、ルドルフ・ビューラー理事長名で連邦議会に対して農民の老齢年金の引上げを求める「請願」を行っていることも紹介しておこう。以下はその要約である。
「勤労者の老齢年金が月額平均１０５０ユーロであるのに対して、農民のそれは４６６ユーロに抑えられている。農産物価格の低落のもとで農業経営からの所得が大きく減少するなかで、農業後継者は農場財産の相続に際してまともな価格を支払えなくなっており、農民高齢者の貧困が大きな社会問題となっている。隣国オーストリアでは、農民老齢年金は１０３０ユーロに引き上げられている。都市と農村で同等の生活条件が得られるべきだとする基本的権利にもとづいて、農民の老齢年金の大幅引き上げを求める。」同 DREISPITZ, 02/2017, SS.10-11.
　山下一仁は、「農民の権利宣言」において国連が family farm ではなく peasant を使ったのは、「その語義が社会的地位の低い下層階級の貧しい農民で、特に中世封建時代または貧しい途上国にいる者であり、ヨーロッパでは農奴だし、日本では貧しい小作人か水呑み百姓だ。今の先進国には farmer はいても peasant はいない」として、その対象は途上国の農民だからだとした。山下はしたがってまた、①現代日本には peasant は存在しないにもかかわらず、②多くの零細農と農協が合作して「権利宣言」を悪用してわが国農業の構造改革に反対しているとし、それは農業保護の仮面をかぶった横井時敬以来の〝小農主義〟だとする。そのうえで、その主張のタイトルを「国連〝小農〟宣言」とし、それは途上国向けのものであるのだから、わが国のJAが国連宣言を歪曲して農業構造改革の阻止に利用しているのだと論難した。山下は peasant = 「小農」訳に便乗したのだが、これは上手の手から水が漏れたというものだろう。山下一仁「国連〝小農〟宣言」⑴汚された宣言、⑵小農を利用する人たち、⑶日本〝小農〟主義の裏側『週刊農林』第２３７２号（２０１９年２月５日）、第２３７３号（２月15日）、第２３７４号（２月25日号）

（7）『国連「家族農業の10年」と「小農の権利宣言」』（農文協ブックレット、２０１９年）に所収された「小農と農村で働く人びとの権利に関する国連宣言」の監訳者・舩田クラーセンさやかは、アプリオリに farmer を「農民」と訳したために、peasant を「小農」としたようである。しかし、farmer は農民であるよりも農場経営者・（借地）農業者なのである。peasant こそ農民なのである。ＩＣＡＳ日本語シリーズ監修チーム監修（マーク・エデルマン、サトゥルニーノ・ボラス・Jr.著、舩田クラーセンさやか監訳・岡田ロマンアルカラ佳奈訳）『グローバル時代の食と農２　国境を越える農民運動』明石書店、２０１８年、13ページ参照。

なお、「小農」については、玉真之介『日本小農問題研究』（筑波書房、２０１８年）の序章「小農研究の先駆者—東浦庄治」（1～21ページ）も参照。

（8）『マルクス・エンゲルス全集』第22巻、大月書店、４８５～86ページ。

（9）第３章の５「『社会主義国』における強制的農業集団化」で見たところであるが、中国では、１９８０年代半ばにいたって人民公社は解体され、生産請負制度による個別農家経営「請負農家」の再生が行われて今日にいたっている。ところが、「請負農家」の家族農業経営としての成長と農村の貧困からの脱出に成果が上がっているとみられないのは、国家が農産物加工流通部門での農民の協業組織の奨励ではなく、族生した機械作業請負企業や加工販売企業の支配に任せていることによるものだと私はみている。

（10）commercialised 'family farm' とは、フードレジーム論者の議論のなかで、「第一フードレジーム」（１８７０～１９１４年）を特徴づける主要食料（穀物、次いで食肉）の主要な輸出源となった温帯移民新開国の輸出農業を担った農業生産者をいう。Henry Bernstein, Agrarian political economy and modern world capitalism: the contributions of food regime analysis, in The Journal of Peasant Studies, 2016, Vol. 43, No. 3, p.613.

第1章　新自由主義グローバリズムと「農業の工業化」

1　新自由主義グローバリズムの自然環境破壊

1980年以降の新自由主義グローバリズムが生み出した自然環境破壊は危機的状況にある。D・ハーヴェイは新自由主義グローバリズムがもたらした環境破壊を以下のように要約した。

「資本の生態系の時間的・地理的規模は、指数関数的成長に応じて変容してきた。過去において問題は通常、局地的であった――こちらでは河川の汚染があり、あちらでは悲惨なスモッグが発生した。現在では問題はより広域的なもの（酸性雨、低濃度オゾンガス、成層圏オゾンホール）に、あるいはよりグローバルなものになっている（気候変動、グローバルな都市化、生息環境の破壊、生物学的種の絶滅と生物多様性の喪失、海洋や森林や地表における生態系の悪化、そして人工的な化学物質――肥料や農薬——が地球上の生物と土地とに対するその副作用も影響範囲もわからないまま野放図に導入されていること）。多くの場合、局地的な環境的諸条件は改善しているが、広域的問題、とりわけグローバルな問題は悪化している。その結果、資本と自然の矛盾は今では、伝統的な管理手法や措置手法では手に負えなくなっている」[1]。

ハーヴェイは、資本を「機能しつつある生態系（ecosystem）」と捉え、「その生態系のなかで自然と資本とが絶えず生産され再生産される」としたうえで、それが「危機傾向に陥りかねない」のは「この生態系が資本と自然との矛盾した統一からなる」ことによるとする。そのうえで、ハーヴェイは、過去の歴史的段階で「資本の適応によって累積させられてきた負の生態学的諸側面が残されており」、「今回異なっているのは、われわれが現在、資本の生態系内部における環境的負荷水準と環境災害水準とに指数関数的影響を及ぼしている」として、「とりわけ注目すべきは、気候変動が生じていることであり、生息環境の多様性が喪失させられていることであり、食料安全を確保したり新しい疾病物質に対する適切な予防手段を保証したりできる可能性も不安定になりガタガタと音を立てていることである」[2]としている。これは、2019年末以来の新型コロナウイルスの蔓延を予見したかのごとくである。

そして、「資本の生態系の癌性劣化の進行の強烈な予兆がある」として、それに結びついているのが「急速な都市化」であり、建造環境（the built environment）の低品質での建設を問題にする（アジアでの急速な都市化にそれがみられるとして）。そのうえで、ハーヴェイが、「資本の適応によって累積させられてきた負の生態学的諸側面」の事例として農業に関して指摘するのは、1930年代のアメリカのダストボウル（砂嵐）の後の「土地に対する自然保護的実践」がより持続可能な農業の考案を生んだが、それは「高収益の現代アグリビジネスが典型的に営んでいるような、資本集約的で高エネルギー消費型の化学物質や農薬を投入することにもとづいていた」とする。そして今や、資本の未来を脅かす可能性として、農業においては、「単一（モノカルチャー）栽培型で収奪的になる傾向にある」とし、現代農業が「資本集約的で高エネルギー消費型」で化学物質や農薬の投入に依存することを問題にするのである(3)。

2 「農業の工業化」

ハーヴェイが指摘した自然環境破壊の農業の分野についての指摘は、さらに以下のように敷衍・補強されてしかるべきである。

第1に、WTOの農産物自由貿易体制（1995年～）と農業の国際分業は、多国籍アグリビジネス主導の生産力拡大と低コスト生産競争を世界中の農業経営に強制することになった。それが途上国では小規模な家族農業の経営危機と大量離農、都市への大量流出となった。ハーヴェイが「急速な都市化」を新自由主義グローバリズムが生み出した破壊的側面として強調したとおりである(4)。

先進国でも、穀物価格がアメリカ産穀物に規定された国際価格水準に大きく引下げられたことにともなう生産力引下げ競争が、中小規模農民経営層に大量離農を迫ることになり、少数の大規模「企業型経営」への農地と生産の集積集中が進んだ。そして、とくにアメリカで、またブラジルなど一部の途上国で、さらに旧「社会主義国」の集団農場の後身である大規模法人農場などでは、「精密農業」に代表される情報機器装備の大型機械体系を装備しての大面積の耕地利用の単純化・モノカルチャー化が顕著である。それが土壌侵食の激化、窒素過多をともなった土壌の有機質バランスの低下、生態系の悪化につながったのである。アメリカでは、世界最大の穀物生産力による低廉な穀物を飼料に大規模な工業的型畜産農場――遺伝子組換え牛成長ホルモン使用のグレインフェッド肉牛飼育大農場（フィードロット）やメガ酪農場――が成長した。園芸業においても、オランダに典型的であるが、企業的なコンピューター装備のハイテク温室（植物工場）による工業的園芸作物生産が広がった。また、先進国の農民家族経営も資本集約度を高め、大型機械を装備して生産力を上げることで、すなわち「労働型の家族経営」から「資本型の家族経営」に転換することで経営維持を図っている(5)。

同時にこの農産物世界市場を巡っての競争は、食品加工業と食品貿易流通業における多国籍アグリビジネス企業に成長の機会を与え、とくにその国内農業支配が顕著なアメリカを先頭に、畜産部門では、すでにF1雑種の開発で嚆矢となった家禽生産部門で1960年代に始まった食肉加工大企業（ミートパッカー）による生産部門の直接支配・垂直的統合が、巨大穀物商社出自の食肉加工大企業による垂直的統合として肉牛・養豚部門でも一般化した。これに加えて、遺伝子組換え作物の開発を担った化学・

種子アグリビジネス大企業が強制する「栽培契約」を通じて、耕種農業部門でも農業経営の種子・作物選択・販売の自由を奪うことで、農業生産過程そのものがアグリビジネス企業の利潤獲得過程に組み込まれることになった。酪農部門だけが酪農協同組合の存在によって、多国籍乳業資本の全面的な直接支配から免れている(6)。

かくして、先進国の農業は、まさに「農業の工業化」とされる化石燃料依存のエネルギー多消費型「機械制大工業」段階に到達した。この「農業の工業化」を特徴づけるのは、バイオテクノロジーの発展に依拠した化学・種子アグリビジネス多国籍企業が主導する「時代を画する」技術革新であるところにある。

第1に、防除対象の植物や昆虫の種を問わない、すなわち当該作物にとっての雑草であるか害虫であるかを問わない汎用性農薬(とくに除草剤グリホサートや殺虫剤ネオニコチノイド系農薬)が一般化され、そうした汎用性の除草剤や殺虫剤への耐性・抵抗性を作物に与える技術開発を不可避とし、それが遺伝子組換え作物(GM)の開発競争を生むことになった。

そして、WTO体制下の国際農産物競争が、アメリカでは大規模穀作農場での汎用性農薬の野放図な使用を強制した。モンサント社が「ラウンドアップ」(roundup は本来、家畜などをかり集める、犯人の一斉検挙、一斉狩りという意味であり、「汎用性」が強調されているのであろう)という商品名で発売した除草剤グリホサートが典型的である。ラウンドアップは1974年に発売されて以来、世界で1

000万トン近く使用されているという。その散布が急増したのは、1995年にアメリカで遺伝子組換え作物の商業栽培が認可され、大豆畑での散布が始まってからである。さらに、近年では、小麦や大豆の収穫直前にグリホサートを散布するいわゆる「プリハーベスト」という新たな使用方法が広がっている。グリホサートの発がん性をめぐるアメリカでの訴訟で、モンサント社を買収したバイエル社は、2020年6月に100億ドルを超える和解案を提示したものの、和解はとん挫しているという(7)。

ネオニコチノイド系農薬は、北米や欧州でのミツバチ群の崩壊の一因とされるなかで、規制が始まっている。2018年9月に5種類のネオニコチノイド系農薬(クロチアニジン、チアメトキサム、イミダクロプリド、チアクロプリド、アセタミプリド)を禁止していたフランスは、2020年1月1日よりスルホキサフロルとフルピリジフロンを禁止すると決定し、EUに先駆けて、世界初の全ニコチノイド系農薬の禁止国になった(8)。

第2に、畜産部門での生産性引上げ競争が、家畜の成長を促進するrBST(牛成長ホルモン)や抗生物質の開発と使用を一般化させた。牛成長ホルモンには幼児・児童に成長障害を与える危険性があるとするEUは、牛成長ホルモン投与の牛肉の輸入禁止を継続している。アメリカ国内にも、消費者の要望に応えて、「rBST不使用」の乳製品を製造販売する酪農協同組合が存在する(9)。

新規に開発された抗生物質が家畜の疾病治療だけでなく、疾病予防、さらに成長促進を目的に大量使用されてきたことが、抗生物質に対する抵抗性を獲得した「スーパー耐性菌」を発生させ、動物・人間双方の健康維持を危険にさらすなかで、家畜への抗生物質使用の規制が強化されている[10]。

第3に、穀物の窒素多投耐性品種の開発や、単作化が化学肥料の多投につながっている。とくに作物の収量アップを目的に窒素肥料の投下が増加し、これが大気中への温室効果ガス・一酸化二窒素（N_2O）の放出や、地下水に含まれる硝酸態窒素（硝酸イオンの形で存在する窒素、NO_3－N）を大きくすることになった。

第4に、農業そのものの工業化と並行した、ないし農業の工業化を促進したのは、食品加工業部門や食品流通業に大企業が進出し、大量生産・大量流通を強制したことが大きい。畜産加工部門では、食肉加工に巨大穀物商社が参入し、巨大ミートパッカーが食肉流通部門で圧倒的な支配力を獲得した。また、国際的に事業展開する巨大スーパーマーケット資本が食品流通分野を支配するようになり、野菜果実など生鮮食品についても、有機農産物を含め、大量・広域流通が一般化し、いわゆる「フードマイレージ」が問題とされるようになった。

以上、総じてバイオテクノロジーの農業への大量投入が、ハーヴェイの表現では「野放図に」(uncontrolled) なってきたのであって、それらがいずれも生物生息環境の破壊と、生物学的種の絶滅、生物多様性の喪失の要因になっているのである[11]。

かくして、これは、マルクスの資本の下での労働の包摂についての議論を援用すれば、それは資本による農業の包摂が、市場原理を介した調整としての「形式的包摂」の段階から、資本の直接的管理下に置かれた「実質的包摂」の段階に移行したものとみることができる[12]。また、マルクスは、「資本主義的生産様式による農業の占領、自営農民の賃労働者への転化は、実際上一般にこの生産様式の行う最後の征服」[13]であるとも指摘している。

新自由主義グローバリズムという資本主義の最新段階にいたって、資本主義生産様式が最終的に農業を征服する段階にいたったことが、局地的であった自然環境破壊を広域化させ、よりグローバルなものにしていると考えられるのである。すなわち、農業は、バイオテクノロジー技術革新による生産力拡大を遂げるなかで、有機質肥料から化学肥料への転換とその多投によって、作物の吸収量を超える過剰な栄養塩が土壌に蓄積され、それが大気中への一酸化二窒素など温室効果ガスの、また地下水への硝酸態窒素の排出量の増加などによって、有機質バランスを大きく崩すことになった。

マルクスは第3章でみるように、19世紀後半における資本主義的農業の発展、大規模な機械化農業が「土地から略奪する技術」を発展させ、「人間と自然との物質代謝に取り返しのつかない亀裂を生じさせる」とし、自然と人間の物質代謝の亀裂を克服する「合理的農業」が必要だとした。そして、ここで注意すべきは、マルクスは「人間と自然の物質代謝の亀裂」を単に「土壌養分のリサイクルの破綻」として捉えているのではないことであって、「地力の浪費が、商業を通して自国の国境を越えて遠くまで広められる」こと、さらに「大農業による土地の自然力の荒廃と破滅」が「都市と農村の対立」、都市による農村の収奪と結びついていることを強調していたことである。マルクス以降も、エンゲルスやカウツキーによって、この「都市と農村の対立」の克服は、社会主義の重要な課題になるとした(14)。

このようにみてくると、現代の農業、すなわち「資本主義的生産様式が農業を実質的に包摂」した21世紀の農業が生み出している有機物循環の破壊は、WTOの農産物自由貿易・農業の国際分業の強制が窒素過剰の偏在を生み出していることで加重され、ハーヴェイが強調する「巨大都市の形成」によって有機物の地域内循環をさらに困難にしているのであって、いわばマルクスが指摘した「人間と自然との物質循環の亀裂」を途方もなく拡大再生産しているとしてよいであろう。かくして、マルクスは「合理的農業」の担い手として「小農民、あるいは結合された生産者たちの管理」を期待したのであるが、21世紀の今日においては、これは、誰が有機物循環のバランスを回復するエコロジー農業を担うかという問題に到達するのである(15)。

第2章でみるように、地球温暖化にともなう気象災害の多発のもとで、農業も温室効果ガスの発生の抑制が求められている。そして新自由主義グローバリズムのもとでの現代農業が抱える問題は、第3章でみるマルクスの「都市と農村の対立にともなう自然と人間との物質代謝の亀裂」を極限まで拡大再生産したものとみなせるとともに、資本に直接に包摂された大規模農業経営がその亀裂の克服の担い手にはなりがたく、低投入・非集約型の小規模家族農業経営こそがその担い手たりうることを予測させるものである。しかし、それには、都市と農村の対立の克服で有機物循環を回復させることが求められ、W

TO農産物自由貿易と農業の国際分業からの転換が不可欠である。

以上をくりかえせば、先進国における現代農業が資本の直接管理下に置かれた「実質的包摂」の段階に到達したというのは、19世紀後半～20世紀の化学・物理学の発展を基礎にする農業技術革新が機械化・化学農業を生み出し、さらに20世紀後半の生物学・生命科学の発展にともなって、いわゆる遺伝子操作技術を基礎にしたバイオテクノロジー農業技術革新が高性能品種開発とそれを支える高性能農薬によって一時的には安定した収量の確保を可能にしたものの、窒素過剰に代表される有機物循環の攪乱と生態系への激しい打撃が雑草や細菌の抗生物質を含む農薬への耐性を一挙に高めるなどの自然の反撃が顕著である。基幹農業部門たる穀作部門の資本集約・高エネルギー消費の単作型大農場、畜産部門では飼料の経営外からの調達による低賃金労働力依存の大規模畜産農場の大量生産が、まさにそうした現代農業技術革新を基礎にして成立しているのが、「農業の工業化」の本質であろう。

他方では20世紀半ばまで農業経営の圧倒的多数を占めた農民家族経営は、農業技術革新をめぐる激しい競争と「農業近代化」政策に晒されるなかで、中小規模経営の多くは離農・脱落を迫られ、少数の経営が経営規模を借地によって農用地50 ha、さらに１００ ha以上に拡大する機会を得て、機械装備を充実した「資本型の家族経営」への上向を果たしている。そうした経営は、雇用労働力に依存した企業農場への展開ではなく、農地の輪作による利用拡大と家畜飼料の経営内自給、有機物の経営内循環による低投入・低コスト農業や、在来農法産品との相対的価格差を活用した有機農業で農家所得の確保をめざしている。その生産力は、大農場にみられる自然環境破壊型ではない、自然環境適合型としての機械制工業段階の農業生産力である。

以上が意味しているのは、「資本による実質的包摂の段階にいたった農業」の生産力を中心的に担う企業的（資本主義的）大農場は、マルクスのいう自然と人間の物質代謝の亀裂」を抜き差しならぬ極限的なレベルにまで追い込み、後戻りのできない自然環境破壊を生み出しているということである。しかし同時に、資本が実質的に包摂する農業には、製造業分野で大企業が中小企業のすべてを駆逐できなかった、もしくは中小企業の存在が不可欠であったのと同様に、農民層（家族農業経営）のすべてを駆逐するのではなく、19世紀末から20世紀前半までの「労働型の家族経営」＝小農範疇から、歴史的範疇を異にする「資本型の家族経営」＝小規模家族農業の存在を許容ないし不可欠にすることによって、「合理的農業」への転換への道を開いているとすることができる。単作集約型・高エネルギー消費の大農場は、先進国のそれも、旧社会主義国の集団農場の後継大農場も、「資本型の家族農業」への再編あってこそ、自然環境破壊から脱出できるのではないか。

注

（1）デヴィッド・ハーヴェイ（大屋定晴他訳）『資本主義の終焉・資本の17の矛盾とグローバル経済の未来』作品社、２０１７年、３３６ページ。原著は、David Harvey, Seventeen Contradictions and the End of Capitalism, People Books, London, 2014.

(2)同上、339~43ページ。
(3)同上、334~39ページ。
(4)久野秀二は、近著「世界食料安全保障の政治経済学」(田代洋一・田畑保編『食料・農業・農村の政策課題』筑波書房、2019年所収)において、「食料安全保障ガバナンス」が新自由主義グローバリズムのもとで、全体的に多国籍企業の新たな資本蓄積機会の創出と市場開拓を追求するものにシフトし、「農地争奪」やアフリカでの「農業成長回廊事業」に典型的であるように、「広大な未利用農地における民間投資を通じた輸出市場向け大規模農業開発」が、世界の食料安全保障に資するものとされてきた経緯を詳細に分析し、それは、途上国農業の近代化(小規模農業の多投入型工業的農業への転換)と商業化(小規模生産者の原料供給者化、契約栽培による優良生産者のグローバル市場への包摂)を進めるものだとしている。そして、わが国が、それへのオルタナティブの枠組みの一環としての「国連家族農業の10年」の共同提案国になりながら、「より本質的な『小農及び農村で働く人々の権利』の国連総会での採択を棄権したことを想起しなければならない」(同書123ページ)としている。
(5)機械制農業段階の情報機器装備の大型農業を運転できる労働力は通年雇用でこそ雇用が可能であり、かつそれに対する賃金支払いと社会保険料の雇用主負担は、国際農産物市場での競争が支配的な低農産物価格水準のもとでは経営的には困難であり、雇用労働力依存の企業型農場への進展が主流にはなりがたい。

だからといって、私は、宇野派が言うところの「20世紀の帝国主義段階においては、農民層の分解は決定的に異なった様相を帯び、資本家的経営の成長は完全にみられなくなるのみか、先進国においてさえ、むしろ解体傾向が一般化してくる。そのなかで、いわゆる『中農標準化傾向』があらわれはじめ、農民は農民として再生産される以外には道がなくなるである。それとともに、農民の存在は、資本主義にとってはもはや解決すべからざる問題となってくる。」（大内力「資本主義と農業問題」『思想』№４９７、１９６５年、11ページ）に与しているわけではない。ちなみに、「資本型の家族経営」においても、たとえばイタリア・ロンバルディア平原には搾乳牛頭数２００頭レベルの酪農経営が、もっぱら牧草飼料による地域特産チーズ原料乳の有機型生産を数戸協同のチーズ工場の運営と一体化させ、外国人労働者を雇用しての搾乳・チーズ製造を行う資本家的企業の性格に近づいた「企業的の家族経営」ともいえる経営レベルに到達している。

なお、「資本型の家族経営」など、磯辺秀俊による家族経営の類型把握については第２章の注（５）を参照されたい。

（6）多国籍アグリビジネスが主導した低コスト工業的畜産が生み出した畜産物の低廉化が引き起こした小規模家族畜産農場の危機へのオルタナティブとして、アメリカでは「新世代農協」が生まれたのは記憶に新しい。クリストファー・D・メレット／ノーマン・ワルツァー編著（村田武・磯田宏監訳）『アメリカ新世代農協の挑戦』家の光協会、２００３年参照。

（7）その経緯やグリホサートの発がん性、グリホサート以外の除草剤の問題、さらにわが国の残留基準緩和などの問題については以下が詳しい。天笠啓祐「独バイエル社和解へ――アグリビジネスを揺さぶるグリホサート問題」『世界』２０２０年９月号。

（８）ＥＵや韓国の汎用性農薬の規制強化に対して対照的なのがわが国である。ネオニコチノイド系農薬・グリホサートともに、残留規制緩和がはなはだしい（農民連分析センター「大幅に緩和された農薬残留基準」）。

（９）佐藤加寿子「ニューイングランドの酪農協同組合と小規模酪農」村田武編『新自由主義グローバリズムと家族農業経営』筑波書房、２０１９年、79～80ページ参照。

（10）Kimberly Ann Elliott, Global Agriculture and the American Farmer Opportunities for U.S.

グリホサート（除草剤）残留基準値

単位 ppm 2017 年 12 月改定

農産物名	改定後	改定前
玄米	0.1	0.1
小麦	30.0	5.0
トウモロコシ	5.0	1.0
そば	30.0	0.2
大豆	20.0	20.0
小豆類	10.0	2.0
ひまわり種子	40.0	0.1
ゴマ種子	40.0	0.2
綿実	40.0	10.0
なたね	30.0	10.0

グリホサートの毒性
①発がん性評価 2A にアップ
②腸内細菌・土壌微生物減少

ネオニコチノイド系クロチアニジンの残留基準

単位 ppm 2015 年 5 月改定

農産物名	改定後	改定前	国際基準
コメ（玄米）	1	0.7	—
小松菜	10	1	2
チンゲン菜	10	5	2
春菊	10	0.2	2
パセリ	15	2	—
セロリ	10	5	0.04
ほうれん草	40	3	2
みかん	1	1	—
レモン	2	2	0.07
オレンジ	2	2	0.07
グレープフルーツ	2	2	0.07

ネオニコの毒性　蜂群崩壊など環境への影響

Leadership, Center for Global Development, Washington, D.C., 2017 参照。

(11) 五箇公一（国立環境研究所生物・生態系環境研究センター生体リスク評価・対策研究室長）は、2020年6月25日「毎日新聞」科学欄で、「農薬で失われる多様性」と題して、以下のように警告している。「水田の生物多様性劣化の要因のひとつとして農薬の多用が指摘されている。特に近年、ネオニコチノイドと総称される新しいタイプの殺虫剤が広く普及し、生態系に対する悪影響が懸念されている。……ネオニコチノイド系の殺虫剤を規定通りの量で処理してトンボ類など昆虫類の発生量が明らかに減少するのだが、……たった1剤の殺虫剤処理のあるなしで、ここまで大きく水田環境が変化するということは、……土地開発や温暖化など、さまざまな人為的・人工的環境変化も重なり、水田から生物たちが姿を消すような事態にむすびついてもおかしくはないと考えられる。」

さらに五箇公一の「生物多様性とは何か、なぜ重要なのか?」（『世界』2021年2月号）は、「新たなる自然共生型社会」として、「地方分散・地域独自の経済社会において農林水産業という第一次産業をベースとした資源循環型システムが維持されれば、外部からの資源搾取は不要となり、国全体、ひいては地球全体の自然資源の持続的維持が可能となる」としており、示唆的である。

いわゆる「フードシステム論」は、「支配的・調整諸様式で資本主義転形の諸時代を区分する」レギュラシオン理論を援用して、農業食料のグローバリゼーションを「世界資本主義の主要な蓄積様式の歴史的段階の特質との照応関係」を重視して究明しようというものであるが、第2次世界大戦後を第2フードレジーム（1945～73年）とし、その基礎的条件を、①国家独占資本主義とI

MF・GATT体制、②「農業の工業化」の進展にあるとした。これは、本書で言う「資本による農業の包摂が、市場原理を介した調整としての『形式的包摂』の段階から、資本の直接的管理下に置かれた『実質的包摂』の段階に移行したもの」、「資本主義的生産様式が最後に征服する」産業部門たる農業をついに征服する歴史的段階にいたったことを、フードレジーム論の枠組みで主張したものと理解できる。磯田宏「新自由主義グローバリゼーションと国際農業食料諸関係再編」田代洋一・田畑保編『食料・農業・農村の政策課題』（筑波書房、2019年）41～47ページ参照。

(12)カール・マルクス『新版資本論』3、日本共産党中央委員会社会科学研究所監修、新日本出版社、2020年、889ページ。

(13)カール・マルクス『資本論』第三巻2・上製版第三巻b、1147ページ。（『新版資本論』未刊）

(14)この部分は、拙前著『家族農業は「合理的農業」の担い手たりうるか』に対して、大高全洋氏から「合理的農業」はマルクス用語で、「土壌養分のリサイクル維持」の物質代謝であり、今日のエコロジー農業（環境保全型農業）がグリーン・リカバリー政策（気候危機に対応する経済復興策）へと合流しており、きわめて現代的、今日的概念との同一視は無理があるのではないでしょうか」とのご意見をいただいたことに対する回答でもある。

(15) 有機物循環については、植田和弘・高月紘・楠部孝誠・新山陽子編『有機物循環論』（昭和堂、2012年）参照。1995年以来のWTOの農産物自由貿易体制は、農産物輸入国（先進国・発展途上国を問わず）に国内農業保護を放棄させ、農業の国際分業を強要するものであった。問題は、食料・家畜飼料の大量輸入と、農地から農作物が吸収する以上の窒素肥料の投下を加えて、最終的に農地を含む環境へ排出される窒素量を膨張させ、いわゆる「窒素収支」の黒字化（窒素の偏在）を生んで、農業の温室効果ガス発生と地下水に含まれる硝酸態窒素量の増大を避けがたくしている。同書は、第Ⅲ部「展望」第7章「持続可能な社会と有機物循環システムの構築におけるガバナンス形成」（２７１ページ以下）で、農地を含む環境への窒素負荷を低減するためには、輸入食料・飼料による窒素量を低減させることと、化学肥料の使用量を低減することが必要であることがわかると指摘している。

鈴木宣弘は『食料の海外依存と環境負荷と循環農業』（筑波書房、２００５年）で、わが国の窒素収支の過剰率が90％台とたいへん高いこと、「農地で受入可能な適正量の2倍近い食料由来の窒素が環境に排出されていることになる」（同書12ページ）としていた。

土壌学の分野では、工業的農業が土壌の4つの制御機能（保水体として物理的緩衝機能、物質の化学的緩衝機能、物質のフィルター機能、物質の分解・転換としての変換機能）に損傷を与えることは共通認識になっている。「農用地の収量を上げるだけを目標にした利用は、土壌のもつ特質を容易に傷つけるのであって、土壌のもつ機能を大いに弱め、農業の生産性を下げる結果になる。とくに工業的農業は集約的かつ単作型の機械利用による大面積での大量生産を行うことで、土壌にとって負担となる。」Sven Grashey-Jansen, Bodeneigenschaften und Bodenfunktionen unter dem Einfluss der industriellen Landwirtschaft, in Ina Limmer, Ingrid Hemmer, Martin Trappe, Steven

Maika, Herbert Weiger（Hrsg.）, Zukunftsfähige Landwirtschaft Herausforderungen und Lösungsansätze, 2019, S.70. 参照

第2章　現代の農民家族経営とその将来見通し

1　中小農民経営の離農による農業経営構造の大きな変化

わが国やEU諸国では、1990年代なかばに始まるWTO農産物自由貿易体制、すなわち新自由主義支配のグローバル市場編制のもとにあって、輸出競争と市場争奪戦の激化が国内農産物価格を低落させ、農業経営の危機を深刻化させた。中小規模経営のハイテンポでの離農が進み、農業経営数の急減と経営増減分岐点の上昇にみられる農業経営構造の変化が顕著であった。それは本書が主たる研究対象とする南ドイツ・バイエルン州のように、典型的に農民家族経営型の農業構造をもち、EU共通農業政策の構造政策「マンスホルト・プラン」に対抗する「バイエルンの道」[1]と称するオルタナティブを打ち出した地域でも同様であった。

ドイツの農業経営構造は、連邦政府食料農業省が毎年発表している「農業報告」が指摘するように大きく変化してきた。２００７年の32万１６００経営から２０１７年の10年間に５万１８００経営（16・1％）減少し26万９８００経営になった。うち旧東ドイツ（２万４８００経営から１万８１００経営に減少）を除く旧西ドイツ地域の農業経営数は25万１７００経営になった。ここでの農業経営とは、農業センサス基準の農用地面積規模５ha以上経営である。これ以外に、５ha未満でも飼育家畜頭数が一定数を超える経営、特殊作物栽培経営など、例外規定経営２万５５００経営がある。なお、旧西ドイツの１９８７年の農業経営数（農用地規模１ha以上）は68万１０１０経営（うち農用地５ha規模以上は69・7％で47万４７３７経営）であったから、この四半世紀における農業経営構造の変化はたいへん大きい。経営増減分岐点は１００haになった⑵。

中小農民経営の離農がもっとも顕著であったのは、ドイツ農業の基幹部門たる酪農部門であった。１９８０年には酪農経営は17万５２００経営で、農業経営総数（農用地１ha以上）29万７０００経営の59・０％を占めていた。１９９０年には11万９３００経営（同21万９０００経営の54・５％）、２０００年には６万２２００経営（同農用地２ha以上経営14万９１００経営の41・７％）、２０１０年には４万２８００経営（同農用地５ha以上経営９万３７００経営の45・７％）、２０１７年には３万４８９経営（同32・５％）である。２０００年代に入っても減少スピードは落ちず、２０１７年までに半減している。

表 2-1　ドイツの州別農用地面積と農業経営（2005 年・2012 年・2017 年）

	農用地（2017 年）万 ha（%）	経営数（2005 年）1,000（%）	経営数（2012 年）1,000（%）	経営数（2017 年）1,000（%）	農用地/経営 2017 年（ha）
バイエルン州	312.8（18.7）	124.3（34.0）	94.4（32.8）	88.6（32.8）	35
バーデン・ヴュルテンベルク州	141.9（ 8.5）	50.9（13.9）	43.1（15.0）	40.0（14.8）	35
南部２州	**454.7（27.2）**	**175.2（47.9）**	**137.5（47.8）**	**128.6（47.6）**	
ヘッセン州	77.2（ 4.6）	22.5（ 6.1）	17.4（ 6.0）	16.1（ 6.0）	48
ノルトライン・ヴェストファーレン州	258.7（15.5）	48.4（13.2）	33.8（11.7）	31.6（17.7）	69
ラインラント・プファルツ州	146.0（ 8.7）	21.8（ 6.0）	19.2（ 6.7）	17.1（ 6.3）	46
ザールラント州	70.8（ 4.2）	1.5（ 0.4）	1.2（ 0.4）	1.2（ 0.4）	42
中部４州	**301.7（18.1）**	**94.2（25.7）**	**71.6（24.8）**	**66.0（30.4）**	
ニーダーザクセン州	258.7（15.5）	50.5（13.8）	40.5（14.1）	37.4（13.9）	69
シュレスヴィヒ・ホルシュタイン州	98.8（ 5.9）	17.7（ 4.8）	13.6（ 4.7）	12.6（ 4.7）	79
北部２州	**357.5（21.4）**	**68.2（18.6）**	**54.1（18.8）**	**50.0（18.6）**	
都市州	2.5（ 0.1）	0.8（ 0.2）	1.1（ 0.4）	0.8（ 0.3）	31
旧西ドイツ計	**1,116.4（66.9）**	**337.6（92.3）**	**263.2（91.6）**	**244.6（96.9）**	**46**
ブランデンブルク州	132.3（ 7.9）	6.2（ 1.7）	5.5（ 1.9）	5.4（ 2.0）	246
メクレンブルク・フォアポンメルン州	134.6（ 8.1）	5.0（ 1.4）	4.7（ 1.6）	4.9（ 1.8）	277
ザクセン州	90.1（ 5.4）	7.9（ 1.9）	6.1（ 2.1）	6.5（ 2.4）	140
ザクセン・アンハルト州	117.6（ 7.0）	4.5（ 1.2）	4.2（ 1.5）	4.3（ 1.6）	274
チューリンゲン州	77.8（ 4.7）	4.8（ 1.3）	3.5（ 1.2）	3.5（ 1.3）	221
旧東ドイツ計	**552.3（ 33.1）**	**28.4（ 7.8）**	**24.0（ 8.4）**	**24.6（ 9.1）**	**225**
合計	1,668.7（100.0）	366.0（100.0）	287.2（100.0）	269.8（100.0）	62

注：ドイツ政府は、1998 年農業センサスまでは農用地面積 1 ha 以上、99 年からは 2 ha 以上であった農業経営基準を、2010 年から主業・副業経営に関係なく農用地面積 5 ha 以上に変更している。

出所：DBV,Situationsbericht2006/07, 2013/14, 2018/19 版による。

表2―1は、州別に2005年以降の農用地規模別農業経営とそれらが経営する農用地面積をみたものである。バイエルン州に8万8600経営（全ドイツの32・8％）と、全ドイツの農業経営の3分の1が集中する。バイエルン州西隣のバーデン・ヴュルテンベルク州の4万経営（同14・8％）を合わせれば、この南ドイツ2州に12万8600経営（47・6％）と全ドイツのほぼ2分の1になる。農用地面積では、バイエルン州が312・8万ha（18・7％）、バーデン・ヴュルテンベルク州が141・9万ha（8・5％）と全ドイツの農用地の27・2％、4分の1強である。両州の1経営当たり平均農用地はいずれも35haと、都市州（ベルリン・ハンブルク・ブレーメン）の31haを除くともっとも小さい。

このような農業構造の変化は主に離農経営からの借地の拡大をともない、バイエルン州では1980年代まで農用地面積に占める借地面積は20％台であったのが、90年代で30％台、2000年代に入ると40％台となり、2013年では農用地総面積312・6万haのうち154・1万ha、すなわち49・3％と農用地の半ばは借地になっている。経営総数9万4400経営のうち借地をもつ経営は6万7100経営（71・1％）で、その1経営当たりの借地面積は平均48・3haに達する(3)。

2 「資本型の家族経営」の成立

さて、バイエルン州には1987年には農用地規模1ha以上の農業経営が23万1326経営存在した。同5ha以上は17万3663経営であった。当時の旧西ドイツの農用地1ha以上の経営総数は68万1

010経営、同5ha以上は47万4737経営であった。したがってバイエルン州は、全西ドイツの1ha以上層では34・0%、5ha以上層では36・6%を占めていた。そして2017年までの25年間に5ha以上層でも8万8600経営に、8万5063経営、すなわち49・0%もの減少、すなわち半減したのであって、旧西ドイツにおける農業経営数の割合をわずかながらも低下させている。これは「バイエルンの道」をもってしても、中小経営の離農そのものを抑制しがたかったことを意味している(4)。

ただし、バイエルン州においては、2017年に例外規定経営（農用地なしおよび農用地5ha未満）2万1716経営を含めて、合計10万6718経営のうち、10〜20ha層は2万3710経営（22・2%）、20〜50ha層は2万6144経営（24・5%）、50〜100ha層は1万4022経営（13・1%）、100ha以上層は5210経営（4・9%）である。これら10万6718経営のうち主業経営は4万1833経営（39・2%）である。したがって、経営規模50ha以上の1万9232経営（18・0%）のほぼすべてと、20〜50ha層の半分弱が主業経営であろう。例外規定経営のなかにも、ブドウ作・野菜作などで、主業経営とともに、外国人労働力に依存した企業的経営が存在するのであるが。

さらに、これらの経営層での農用地集積では、注目すべきは20〜100ha層（農民家族の主業経営層）が農用地の50%余りを集積していることであろう。バイエルン州では依然として、農民家族経営が主幹をなす農業構造が維持されていると考えられるのである。

ところで、第2次世界大戦後、1950年代後半にはじまる西欧農業における農業近代化政策――そ

表 2-2　バイエルン州の主業経営（2013 年度農業簿記統計結果）

		平均	耕種	飼料		加工型畜産
					酪農	
経営形態別経営総数		42,839	4,264	28,966	25,099	2,969
農業簿記統計調査経営数		1,877	176	1,175	1,021	174
経営面積（ha）		61.5	98	55.9	54.4	58.8
借地農用地面積（ha）		31.5	57	27	25.8	28.7
借地料（ha 当たり）		275	373	218	219	410
農用地面積（ha）		**54.2**	**90.2**	**48**	**46.5**	**52.6**
うち耕地（ha）		34.5	81.7	22.8	21.4	49.7
永年草地		18.8	4.3	25.1	25.1	3
飼料栽培面積（ha）		27.8	10.5	35.1	34.5	6.1
林地面積（ha）		6.5	7	7	7.1	5.5
労働力	合計（AK）	1.7	2.1	1.6	1.6	1.7
	うち家族労働力（AK）	1.5	1.4	1.5	1.5	1.5
	AK/農用地 100ha 当たり	3.2	2.3	3.3	3.4	3.2
耕地利用	収穫面積（ha）	53.6	90	47.6	46.1	52.1
	穀物・実取りトウモロコシ	19.8	50.2	11	10.3	37.8
	うち小麦	8.6	28.2	4.1	3.5	13.6
	甜菜	1	6	0.1	0.1	1
	サイレージ用トウモロコシ	6.1	3.5	7	6.4	1.9
家畜	牛（頭/農用地 100ha）	98.4	2.4	150.3	150.3	4.1
	豚（頭/農用地 100ha）	39	4.6	0.8	0.9	371.5
	うち肉豚（頭/農用地 100ha）	31.6	4.4	0.8	0.9	278.7
	乳牛（頭）	25.4	0.3	36	40.2	0.1
生産	穀物（トン/ha）	68.5	74.3	63.4	62.2	75
	甜菜（トン/ha）	720.6	727.4	698.4	663.8	719.8
	生乳搾乳量（kg/乳牛 1 頭）	6,903	5,826	6,932	6,943	6,704
	小麦価格（€/100kg）	18.89	19.21	18.1	18.19	18.16
	生乳価格（€/100kg）	41.61	39.13	41.64	41.66	42.02
収入（a）	合計（€/農用地 ha）	4,307	3,225	4,162	4,266	7,203
	販売収入（€/農用地 ha）	3,331	2,283	3,213	3,295	5,995
	耕種部門	587	1,937	182	162	457
	うち穀物・トウモロコシ	257	757	106	94	150
	豆類・繊維作物	65	145	24	25	131
	エネルギー作物	11	30	4	1	36
	畜産部門	2,400	155	2,856	2,957	5,370
	うち牛	527	24	751	572	49
	生乳	1,273	7	2,048	2,364	3
	豚	517	64	10	11	4,949
	果実・野菜・ブドウ	146	0	1	1	1
	商業・サービス・副業	143	161	116	115	117
	うち雇用労賃・マシーネンリンク	**68**	**70**	**61**	**60**	**80**
	バイオガス	**16**	**0**	**16**	**19**	**0**
	その他経営収入（€/農用地 ha）	969	949	949	955	1,178
	うち直接支払い・助成金	**502**	**423**	**530**	**535**	**484**
	EU 直接支払い	322	320	322	322	324
	条件不利地域平衡給付金	29	30	59	62	42
	農村環境支払い	65	47	72	68	42
	うちその他収入	467	526	419	420	694

表 2-2　バイエルン州の主業経営（つづき）

		平均	耕種	飼料		加工型
					酪農	畜産
	合計（€/農用地 ha）	3,301	2,433	3,063	3,078	6,119
	物財費	1,738	1,085	1,534	1,500	4,125
	うち耕種部門	343	568	236	232	383
	うち種苗	81	97	53	52	86
支出（b）	肥料	147	237	118	118	147
	農薬	90	199	45	42	136
	うち畜産部門	881	105	802	752	3,141
	うち家畜購入	263	42	134	41	1,267
	飼料	480	56	494	521	405
	商業・サービス・副業	29	37	17	18	1,576
	その他物財費	478	373	474	492	560
	うち水道光熱費	130	71	127	136	218
	機械等燃料費	**179**	**173**	**182**	**186**	**176**
	雇用労賃・マシーネンリンク	**150**	**119**	**155**	**159**	**157**
	人的経費	92	114	51	51	61
	減価償却	492	385	529	554	606
	うち経営用建物施設	125	67	141	144	194
	機械設備	**314**	**277**	**326**	**342**	**379**
	その他経営費	978	849	949	972	1,327
	うち建物維持費	56	43	55	57	71
	機械設備維持費	**153**	**114**	**163**	**171**	**158**
	うち経営保険費	122	108	124	127	149
	うちその他経営費	513	463	473	481	794
	うち借地料	**161**	**238**	**123**	**122**	**223**
収益（a－b）€/ha		946	796	1,039	1,117	964
収益（a－b）€/経営		51,277	71,766	49,892	51,983	50,744
所得（収益+人的経費）€/AK		32,201	38,811	32,968	33,972	32,328

注：経営形態について、耕種経営は穀物、甜菜、飼料作物などが販売額の３分の２以上、
飼料経営は牛、ヤギ、馬などが販売額の３分の２以上、
飼料経営のうち酪農経営は乳牛、子牛などが販売額の４分の３以上、
加工型畜産経営は豚、鶏が販売額の３分の２以上の経営である。

出所：Bayerischer Agrarbericht, Ergebnisse der Haupterwerbsbetriebe nach Betiriebsformen 2013/2014.

れを代表するのが西ドイツの農業法（1955年）とフランスの農業法（1960年）――に後押しされた農業の機械化・化学化の進展は、農民家族経営における投下資本と労働力の構成比を大きく変化させた。

南ドイツ・バイエルン州の家族農業経営は、かつての、つまりおよそ1960年代前半までの、「家族労働力が投下資本に対して圧倒的重要性をもつ。すなわち、機械化が進まず、低度の労働手段で、家族労働に強く依存して生産性が低い」[5]小規模で経営数も多数であった「労働型の家族経営」としての存在から、中小経営層の離農によって経営数が半減するなかで、現在では、「家族労働力を根幹とする点では、なお家族経営の範囲にあるが、家族労働力に対して固定資本の比重が高く、資本集約度の高い経営。高度に商品生産化され、進んだ技術が導入され、機械化が進んだ労働生産性の高い経営」、つまり「資本型の家族経営」になっている。さらにその上層には、家族労働力を根幹としながらも、その経営はしだいに家計と分離し、積極的に投下資本に対する利潤、すなわち企業的採算を求めるようになり、資本家的企業の性格に近づいた「企業的家族経営」も存在する。

こうした「資本型の家族経営」の成立を農業簿記統計結果から確認しておきたい。表2−2は、バイエルン州の主業経営についての2012年度農業簿記統計結果である[6]。

農業簿記統計の調査経営の平均経営面積は、いずれの部門でも50 haを超えており、50〜100 ha層の主業経営の平均像とみてよかろう（耕種部門では100 ha層の平均像）。

ここでの収入(a)と支出(b)の差額である収益は、家族労働報酬と自己資本利子に相当する。この表の農用地1ha当たり数値を経営当たりに換算したのが**表2－3**である。機械設備に関わる経費（機械費）は、機械等燃料費、機械設備減価償却、機械設備維持費の合計とした。建物費は建物維持費と経営用建物施設減価償却費の合計である。他方で、雇用労賃には、マシーネンリンクを通じて利用した機械の利用費が含まれる。

まず機械費をみる。平均経営では、経営当たりの支出合計17万8900ユーロに対して、機械費は3万5000ユーロで、19・6%を占める。耕種経営では、同じく21万9500ユーロに対して、機械費は5万9000ユーロと23・2%である。機械費の占める割合は、飼料経営では21・9%、酪農経営では22・7%、加工型畜産では11・6%である。すなわ

表2-3　バイエルン州の主業経営の経営当たり収支計算

（単位：100ユーロ）

		平均	耕種	飼料	酪農	加工型畜産
収入	合　計	2,334	2,909	1,998	1,984	3,789
	耕種部門	318	1,747	87	75	245
	畜産部門	1,301	140	1,371	1,375	2,825
	サービス等	78	145	56	53	83
	その他収入	365	474	201	195	381
	うち公的助成金	272	382	254	249	255
支出	合　計	1,789	2,195	1,470	1,431	3,219
	物財費	676	607	736	698	2,170
	雇用労賃・MR	81	107	74	74	83
	機械費	350	509	322	325	375
	建物費	98	79	94	93	139
	借地料	87	215	59	57	117
	その他支出	497	678	185	184	335
家族労働報酬		545	714	527	553	570

出所：表2-2を加工。

ち、バイエルン州の主業経営は、養豚・養鶏など加工型畜産部門を除いて、支出合計の19～23％、ほぼ2割が機械費である。耕種経営や飼料経営（酪農を含む）の機械費が経費合計に占める割合が加工型畜産経営のそれよりも相対的に高いのは、耕作機械の大型化と高額化を反映しているものと考えられる。

他方で、雇用労賃（マシーネンリンク利用機械費を含む）は、平均経営では８１００ユーロ（支出合計の４・５％）、耕種経営では1万７００ユーロ（同４・９％）、飼料経営では７４００ユーロ（同５・０％）、酪農経営では７４００ユーロ（同５・２％）、加工型畜産では８３００ユーロ（２・６％）である。雇用労賃（マシーネンリンク利用機械費を含む）が経費合計の5％以下に抑えられているのは、借地に依存して経営規模を50ha以上に拡大してきた農業経営は、土地と機械に対する投下資本を膨張させつつ、すなわち農作業の徹底した機械化を図りながら雇用労働力への依存を抑制し、家族労働力中心の経営構造を維持しているということである。

3　マシーネンリンクが支える「資本型の家族経営」

マシーネンリンク（Maschinenring「機械サークル」、以下ではＭＲと略すことがある）は、Ｅ・ガイアースベルガーの発案と指導のもとで、１９５８年にバイエルン州で、機械作業斡旋を行う農村自助組織として出発した(7)。

現在のＭＲの事業内容は、①ＭＲ本来事業としての機械作業斡旋に加えて、②農繁期や疾病・事故などの緊急事態に対するヘルパー事業として経営支援・家政支援（Soziale Betriebshilfe）事業、③子会社を組織しての副業営業活動に広がっている。このこともあって、現在ではMRは、「機械・経営支援リンク」（Maschinen-und Betriebshilfsring）を名乗っている。いずれも登録組合であって、通常は郡単位に組織され、それ自体は機械を保有していない。専任マネジャー1名に加えて、MRの規模で異なるが数名の専従職員が雇用されている。

機械作業斡旋と経営・家政支援の実際は、以下のようである。

第1に、MRに仲介される機械には、以下の3種類がある。

A：個々の農家所有機械

B：作業請負会社（Lohnunternehmen）の機械

C：農家グループ（機械共同利用組合）の共同所有機械（バイエルン州のMR平均では参加農家20％弱が機械共同利用組合 Maschinengemeinschaft を組織している）

AとBの場合は、機械オペレーターはほとんどが機械所有者か機械所有者の被雇用者であるが、オペレーターなしで貸与されることもある。Cの場合は、通常、大型投資、すなわち高額利用賃を要求する専門機械や大型機械に適している。2交代での運転が基本とされるので、2ないし3人の専門技術オペレーターが1台の機械に必要である。耕耘作業用のトラクターはオペレーターなしで貸与されることがある。作業種類では、飼料栽培・ワラ収穫、穀物収穫、トラクターによる運搬作業、施肥・播種、根菜収穫、景観保全、林業作業など多彩である。

ＭＲに仲介される労働力は、①会員農家の子弟、②会員本人で自己経営では労働力に余裕があるか副業を必要とする場合である。

会員の50～60％が需要者としてＭＲを利用し、30～40％は需要者であり供給者であるとされている。また、ＭＲを通じるサービスの供給の大半は10％以下の会員によるものだという。

ＭＲは２０１６年のデータではドイツ全国に２４６組織を数え、会員数では19万２１００経営（総農家26万９８００経営の71・２％）が組織されている。

バイエルン州については、同年に、71ＭＲ（州内すべての郡に組織されている）に会員９万６５６３人（全国会員の半数、50・３％）で、州内の農用地面積５ha以上の８万８６１０経営のほとんどと、約１万経営の例外規定経営が会員である。農用地でも２７８万ha（州内農用地総面積３１２万haの89・１％）と組織率で際だっている。

バイエルン州の農民家族経営は、借地による規模拡大によって農用地経営規模が50haからほぼ２００haを上限とする「資本型の家族経営」に成長してきた、それを可能にしたのは、ＭＲが存在し、ＭＲの事業を活用することで、農業機械への投資と雇用労働力への依存を抑制できたことが大きい。２００ha以上の規模拡大は、借地料の上昇にともなう地代負担の圧力とともに、機械労働を担える雇用労働力の賃金と社会保険の雇用主負担の大きさから、農業関連部門の併営（農産加工・加工品の直売店舗の運営、グリーンツーリズム事業、バイオガス発電など）なしには困難である[8]。

〈事例〉マシーネンリンクが支える「グレーナー農場」

グレーナー農場は、土地整備法にもとづく耕地整理事業にともなって1956年にレーン・グラプフェルト郡内のメイルリッヒ村から村外に住居を含めて転出して経営規模の拡大を図ってきた。1980年までは、酪農（搾乳牛20頭）と肉牛・豚の複合畜産経営であったが、当時の経営主であった父が農業者同盟の職員に専従することになって、畜産は小規模な養豚に縮小した。現在の経営主マルクス・グレーナー氏（43歳）はレーンMRの非常勤理事長である。

現在の農用地規模は199・2ha（うち耕地188・7ha、草地7・8ha）に及ぶ。うち3分の2の135haは12戸から平均小作料300ユーロ／haでの借地である。農業労働力はグレーナー氏の年間300日就農と父母（父76歳）の補助で1・2人である。父母は年間20頭の肥育養豚の世話が中心である。

穀物は冬小麦67・8ha（収量7・2トン／ha）、スペルト小麦（Dinkel、パン用）11・5ha、冬大麦12・9ha、トリティカーレ（小麦・ライ麦の雑種）13・9ha、冬硬質小麦（デュラム）8・5ha、夏大麦3・3haなど117・9haの栽培面積で、これに冬ナタネ28・9ha、サイレージ用トウモロコシ42・0haが加わる。休耕は2・7haである。草地では3・5ha分の牧草が収穫される。

農業機械のうち、個人で所有するのはトラクター2台と600トン穀物乾燥貯蔵庫（Getreidetrocknung）に限られる。犂（Pflug）1台（2戸共同）、中耕除草機（Grubber）1台（4戸共同）、条播機（Drillmaschine）1台（2戸共同）、動力噴霧器（Pflanzenschutzspritze）1台（2戸共同）、化学肥料撒布機（Düngerstreuer）1台（2戸共同）はいずれも2戸ないし4戸の共同所有である。

そしてバイオガス発電所の設置にともなって2014年に新たに導入された有機肥料撒布のためのスラリースプレッダー（Gülle ausbringen komplett）1台と畜産経営のスラリーやバイオガス施設の消化液をスプレッダーに運ぶポンプ車（Pumptankwagen）1台はともに27戸の共同所有組織（Maschinengemeinschaft Gülle GbR Rhön-Grabfeld）の所有である。

穀物栽培作業のうち41・9 haのトウモロコシの播種と刈取り、10 haの草地の牧草刈取りとロールベール作業、さらに100 haを超える穀物収穫作業については、MRを通じて農作業請負会社（郡内4~5社ある）に委託している。逆にMRを通じて機械作業を提供しているのが耕地の耕耘、農薬散布、穀物・中間作物播種、糞尿・消化液撒布などの作業である。

MRに参加することで得られる経済的メリットは、何よりもコンバインに代表される高額大型農業機械の個人所有を避けることができるところにある。さらに、MRの存在が共同所有の組織化を楽にしている。MRを通じる機械作業の委託で、ほぼ農用地50 ha分の作業が軽減されることで、実質1人の労働力で200haの経営が可能になっているというのがグレーナー氏の認識である。

4　有機農業への転換や経営多角化での生残りをめざす

現代のバイエルン州農民家族経営は、経営規模の拡大と「資本型の家族経営」化することで生き残ってきた。しかし、WTO農産物自由貿易体制の農業の国際分業にさらされるなかでの低農産物価格水準によって、EUの直接支払いをはじめとする農業補助金なくしては、経営維持が困難になっている。ちなみに小麦（パン用）の生産者価格は、EUの共通農業政策（CAP）が、WTO（1995年）への対応として支持価格をアメリカ産小麦が支配的な国際価格水準に30％引き下げたことによって大きく低下し、2000年代に入っての水準は15～20ユーロ（100kg当たり）に低迷している。

前掲の**表2－2**の収入欄にある「その他経営収入」に占める「公的助成金」の大きさをみられたい。平均経営では1経営当たり2万7200ユーロ（農用地1ha当たりでは502ユーロ）である。これは、この「公的助成金」がなければ**表2－3**の最下段の「家族労働報酬」5万4500ユーロが半減するということである。

そしてCAPの価格支持政策は個々の農業経営への直接支払いに転換し、その直接支払いも穀物主体の生産量を基準にしたものから、現在では個々の経営の農地面積を基準にした支払いになっている。それは、ドイツでは平均的には350ユーロ（1ha当たり）で、中小経営にとっては魅力的とはいいがたい。そこで重要になってくるのが、州レベルの環境適合型農業に対する助成金である。上でみた「公的助成金」502ユーロ（1ha当たり）とEU直接支払い350ユーロとの差額の中心は州環境支払いなのである。州の農政が環境支払いに重点を置くようになったのは、農業経営が生き残りをかけて生産規模の拡大を迫られ、窒素肥料や農薬の多投、過剰な家畜飼育によって、地下水の硝酸態窒素汚染や生態系の攪乱など農業の環境への負荷を高めることになったことに対して、農業の低投入型への転換を州レベルで迫られたからである。

環境にやさしい農業として州農政が推奨しているのが、慣行農法の有機農業への転換である。州政府は、2012年に、州内の有機農産物の生産量を同年から2020年までに倍増しようという「バイエルン・バイオ地域づくり州計画2020」を決め、慣行農法から有機農業への転換を推進している。そこで強調されているのは、①有機農業がその経営を全体として経営内の循環システムによって持続型の経営をめざしていること、②化学肥料や農薬の使用をやめて、環境保護、自然資源の維持、生物多様性の確保、さらに気候保護に貢献すること、③飼料の経営内生産を優先すること、などである。そして、それらが土壌の有機質増成と多様な輪作による肥沃度の維持・改善をもたらすこと、そして動物福祉にそった家畜飼育が重要な課題であるとしている。

バイエルン州内のEU有機農業基準による有機農業経営としては、2019年には1万532経営が登録されている。その農用地総面積は36万5800ha（1経営当たり34・7ha）である。その大半は主業経営だと考えられる。ということは、主業経営総数4万3２9経営の26・1%、すなわち4分の1強が有機農業に転換していることになる。そのうち６９６２経営（有機農業経営の66・1%）は、ＥＵ有機農業基準よりも厳しい認証基準をもつ有機農業連盟（全ドイツに8団体がある）に加盟している。ナトゥアランド（Naturland）２７１８経営（11万９８００ha）、ビオクライス（Biokreis）１００２経営（３万８３００ha）、デメーター（Demeter）５０１経営（１万８４００ha）の４団体への加盟で、その農用地面積合計は29万１３００haである。

ちなみに、これら主業経営で有機農業に転換した経営への平均的な助成金支払い額は４万３９０４ユーロ、農用地１ha当たりでは７９９ユーロ（有機農業主業経営の農用地規模は54・96ha）になる。慣行農法主業経営の２万９００９ユーロ、農用地１ha当たり４８０ユーロ（慣行農法主業経営の農用地規模は60・41ha）と比較すれば、バイエルン州の環境支払いが有機農業への転換の大きなインセンティブになっていると考えられる。

そして、いまひとつ有機農業への転換を促しているのが、慣行農法産品に比べて有機農業産品が、一定の高価格で販売できることにある。上述の有機農業連盟ルートでの販売はとくにそうである。有機酪農の２０１８年度での生乳販売価格は１kg当たり50セントに安定している。慣行農法の生乳価格水準は30～35セントと、30～40%も低水準、かつ不安定である(9)。「バイエルン州農業報告」には、バイエルン州は小都市と農村での定住人口が相対的に多く、それが有機産品など高品質の農産加工品の直売機会をつくりだしているとしている。

現代の農民家族経営がその経営危機から逃れる手段に、いまひとつ、経営の多角化がある。全ドイツ（2016年）で7万5700経営（経営総数27万5400経営の27・5%と4分の1以上）が、農業関連事業を兼営する経営多角化に取り組んでいる。複数の農業関連事業を兼営する経営が少なくないので、合計は145%に達する。46%と半ば近くが再生可能エネルギーの生産である。次いで林業（25%）、他の農業経営のための労働（21%）、農産加工と直売（14%）、ペンション・趣味用馬飼育（13%）、グリーンツーリズム民宿（8%）、農外での労働（7%）、木材加工（6%）、その他（7%）である。54%の経営は、これらの農業関連事業の売上額が総販売額の10%未満であるが、15%の経営は農業関連事業売上額が総販売額の50%を超える。バイエルン州はおそらく、この経営多角化経営の過半数を占めているであろう。南部には全ドイツを代表する酪農地帯があり、バイオガス発電事業に酪農経営単独ないし協同（酪農経営とメタン原料を供給する穀作兼業農家の協同）で取り組む経営が多い。また、南部のバイエルンアルプスを初めとする景勝地域や森林が少なくないバイエルン州では林業とともに、グリーンツーリズム民宿を兼営する経営が少なくないからである(10)。

5　農民家族経営と「将来性のある農業」

以上のような農民家族経営の生残りを賭けた経営戦略は、「農業の工業化」＝工業的農業の低コスト省力生産を一面的に追求し、自然環境への破壊的影響を無視ないし軽視する展開方向に対して、明確に、環境適合型で生態系の維持と農村の活性化を重視する農業というオルタナティブをめざすものであることを示している。

本書が現代の農民家族経営としてとりあげているバイエルン州について、A・ハイセンフーバーは、「農民による農業の将来見通し」と題する論稿で、「将来性のある農業」の要件を以下のように整理している。かなりの長文であるが、本章のまとめにかえて、紹介する。

A・ハイセンフーバー「農民による農業の将来見通し」

第1に、農業は農業生物の多様性を重視しなければならない。農業生物の多様性は農耕の副次効果であるが、それは生態系の機能にとって重要な役割をもつ。経済的に直接の意義があるものとしては、昆虫、とくにミツバチによる受粉がある。受粉がうまくいかないと作物収量の減少となる。それはカリフォルニアのアーモンド栽培においてミツバチ群の大量崩壊でみられたとおりである。近年では昆虫の減少がはっきりしているが、その原因はたいへん複雑である。農業分野については殺虫剤の使用に責任があるとされている。さらに地域の「過疎空洞化」も原因だろう。つまり、地域の耕地や草地が全体として多面的に使われることが、環境計画で奨励されるべきなのである。殺虫剤の認可については、最新の研究結果をもとに慎重でなければならない。当然のことながら農業者には、生け垣の保存から、多様な輪作体系、農薬使用の削減まで、幅広く農業生物の多様性の促進に貢献するよう求められている。

第2に、窒素バランスである。窒素は農業生産にとって中心的な役割をもっている。同時に、窒素過剰は環境に大きな否定的作用を及ぼす。ドイツにおける窒素過剰の平均値は1ha当たり約100kgNである。これは普通の合成窒素肥料には27%の窒素が含まれていることを前提にしている。しかし、窒素過剰は地域によって差が大きい。その原因は、農業経営の市場作物や畜産への専門化にある。畜産経営は飼料を購入し、畜産物を販売する。経営が購入した飼料の窒素分の70%は家畜の排せつ物として経営内に残り、肥料として散布される。それには水分が多く、輸送コストがかかるので、農場の近辺で散布される危険が高まる。その結果が地下水に含まれる硝酸態窒素の上昇である。さらに窒素の大気中への放出が気候に負荷を与える。

新肥料法はこの過剰を削減することを目的にしている。国の気候保護計画では窒素残留量を1ha当たり70kgN以下にすることを提案している（連邦環境・自然保護・核の安全省、2016年参照）。以下の対策が議論されている――家畜保有数を農地面積で縛るとともにスラリータンクを大きくし、糞尿を市場作物経営に輸送することなどである。これらによって糞尿に含まれる窒素をできるかぎり利用することで、肥料散布量を植物の状態に合わせることができる。現在の散布技術では、大型の糞尿散布車の重量で土壌を固めることになっている。散布技術の改善についての抜本的な研究が求められている。手始めに糞尿に含まれる水分を減らすことで、輸送問題や土壌保護を改善できよう。

第3に、動物福祉の問題である。農業にとって次の課題は、動物福祉、とくに豚と家禽についての要求にどう応えるかである。この問題についてはよく知られた立場の違いがある。一方では、「安価な食肉」に対する需要であり、もう一方は、動物保護の基準を高めるべきだという立場である。動物保護の改善という要求は動物保護運動が代表している。この場合には、農業者にはそれに対する補償があってもよいとされる。しかし食品流通業界にすれば、どの対策がどの産品を対象にしたかがわからない。しばしば要求されているのは、鶏卵にマークをつけることから始めてはどうかということである。しかし鶏卵の生産と異なって、たとえば豚肉に関しては、ソーセージにいたるまでのさまざまな加工品があり、マークをつけるのをむずかしくしている。こうした問題はともかく、オランダではずっと以前から3段階の動物福祉ラベルがあって、それに依拠することも可能である。

さらに問題は、この問題を国が取り扱うべきか、食品流通業界の自主管理に任せるべきかである。このテーマはすでに長らく議論されてきたことであるが、国の側はまだ態度を変えていない。国民の間に食肉にマークがほしいという関心が高まったからか、いや驚くことにそうではなく、近年、食品流通業界の企業が自主管理でラベルを張るようになっている。これで目標は達せられたといってよいか。ところが問題は、畜産業者は企業の提供するプレミアに左右され、事情によっては転換しようにもそれを企業が許さないということもあるのである。こうした理由から、国が3段階の動物福祉ラベルという特典を設けることに意味がある。これに関しては、さらに問題がある。動物福祉についてのさらに高い要求には、現在の畜舎では対応できず、大きな投資が必要になるということである。問題はすなわち現在の困難な市場の条件では、経営は投資を行える条件にないことにある。以上の理由から、まず連邦レベルで動物福祉ラベルの3段階についての統一規定を策定し、次いでパイロット事業が試行されてよい。第2段階で、農業者は投資を補償されてよかろう。それにはエネルギー転換の分野での実践がモデルとして役にたつであろう。

第4に、農産物貿易についても転換が求められる。総じて貿易は福祉のひとつの源泉だとみなされてきた。財の生産は最も適地で生産されるのが、すべての関係者に利益をもたらすはずである。批判がもちあがるのは、生産によって人間、動物、環境の保護という問題がないがしろにされる場合である。なるほど安く買えたとしても、たとえば人間の負担でとなれば、それはありえないのである。典型的な事例としては繊維部門がある。同様に飼料輸入も批判にさらされている。たとえば南米からの大豆、インドネシアからのやし油である。WTO協定ではこれまで生産方法は保護関税の理由にはされなかった。しかし生産者との協定で、フェアな生産方法を採用することで認証ラベルが認められるといったことがありうる。輸出国側からすれば、そうした要求は一種の保護主義だとされることもありえる。ここでは貿易は独自の道を歩む。たとえば、「輸入飼料を使っていない」という宣伝が食品に使われたとしよう。そうするとさらに、「地場産」の食品に対する関心も高まるであろう。といっても「地場」とは定義のない概念である。「輸入飼料を使っていない」という概念では、その場合の飼料はヨーロッパ産ではないということである。自由貿易協定における最近の交渉では、フェア側面については比較的考慮の対象にはなっていないのであって、それが大きな批判を生んでいるのである。もうひとつの批判点は、農産物輸出に関する。自由貿易の理念では、それは追加的な所得チャンスだとされる。それに対する批判は、たとえばドイツでは食べられない、したがって基本的に廃棄物である鶏肉部分肉の輸出は、輸入国では生産者に圧力となる。ただしそれは輸入国の生産量に比べて、輸出量が大量である場合に限られる。ちなみに中国では市場への圧力は問題にならない。ところがそれがいわゆる途上国の場合には、輸入量は市場への大きな圧力になる。この批判は、途上国は保護関税を引き上げることができるのではないかと反論されよう。しかし関税が鶏肉部分肉の価格を引き上げることで、関税は最終消費者が支払うことになるのである。関税はしかし国内生産者を保護する。その限りで、輸入関税に賛成するか反対するかの判断はそれほど容易ではない。保護関税の理由づけは、保護の傘のもとでこそ国内生産は成長でき、そうでない場合は成長できないだろうということにある。そうすると保護関税はいずれ撤廃できることになる。国民経済学者フリードリッヒ・リストは、２００年も前にこれについて育成関税だとした。彼にはイギリス工業に対してまだ弱体なドイツ工業の保護が問題であったのであり、それは関税がもはや廃止できないという危険があることについて言及しながらであった。カメルーンについて国際協力協会（die Gesellschaft für internationalen Zusammenarbeit, GIZ）が、輸出された鶏肉部分肉の影響について調査している（ＧＩＺ、２０１７年参照）。結果は、国内生産が輸入増加にともなって減少している。それによって厳しい輸入規制がなされることになった。迂回的な措置として国内生産者に対する生産条件の改善に関する支援がなされている。12年間の輸入制限によって、国内生産の継続的な拡大がみられた。ただし専門家によれば、この事例は直ちに他の国や他の農産物に当てはまるものではない。

結論的には以下のようになろう。農産物の途上国への輸出に関しては、当該国の農業が損害をこうむらなくてもいいような責任のある措置があってしかるべきである。これに関して指摘されるべきは、ヨーロッパの農業は多かれ少なかれかなりの保護関税によって保護されていることである。自由貿易問題についての基本的な考えは、ダニ・ロドリック（Dani Rodrick、２０１１年）が提示している。彼が提示しているのは「確実なるハイパー・グローバリゼーションかグローバリゼーション」問題である。彼によれば、経済的グローバリゼーションと各国の自決権と民主主義の間にはトリレンマが存在する。彼が擁護するのは、機能を発揮できる制度の枠組みをともなった市場である。

第５に、農村地域と地域性の問題である。

近年、農村地域の重要性が注目を集めている。それは、たとえば農村地域の人口変動が諸問題を大きくしているかもしれない。農業は農村地域における重要な要素である。ちなみに農村地域の景観は農業経営のやり方によっている。農村地域に居住する人々にとって、就業機会の提供とならんで魅力的な居住空間も重要である。その結果、農業財政の公的資金が魅力的な農村景観づくりのために支出されるということになる。同時にそれは、多様な農村景観が生物多様性の促進にも貢献することにつながる。したがってこれに関しては、ＥＵの助成金の改革が遅れていることもはっきりしている。個々の地域にとってのチャンスは、地場産を特定し、それに応じた産地証明を食料につけることである。地場産品を求める購買者の数は増加するであろう。現在のマークの多くは、必ずしも購買者には追跡ができない。否定的な事例としてはｇ・ｇ・Ａラベル（地理的表示保護）がある。それでは価値創出のひとつの段階が認められているにすぎない。たとえば、シュヴァルツバルト・ハムの原料肉の産地については何も証明されていないのである。

それらはともかくとしても、農村地域では農業に従事する人口数だけでは生活インフラを維持する状態にない。つまり、魅力的な農村地域を維持し、それにふさわしい労働場面を維持し、さらに定住者を増やすことがきわめて重要なのである。

最後に、将来性のある農民による農業への転換には、ＥＵ農政が重要な役割を担っている。共通農業政策の改革については、２０１８年に２０２０年以降のＣＡＰについての提案がなされている。しかし、現在の提案では、社会が望む農業の資源保護目的の強化（土壌、水、気候、種の多様性、動物福祉）に関しては十分な成果はあげられない。とくに現在の農地面積当たりの助成金については、それが目標達成に効果的になるような転換がぜひとも求められる。

（Alois Heißenhuber, Zukunftsperspektiven der bäuerlichen Landwirtschaft, in Ina Limmer und vier andere（Hrsg.）, Zukunftsfähige Landwirtschaft, 2019, SS.112-123.）

A・ハイセンフーバー（PROF. DR. DR. H. C. ALOIS HEISSENHUBER）は、２０１３年までミュンヘン工科大学農業経済学講座の正教授。現在は、連邦食料農業消費者保護省の農業政策科学審議会委員、連邦環境局の農業委員会議長である。邦訳された著書に四方康行・谷口憲治・飯國芳明訳『ドイツにおける農業と環境』農文協、１９９６年がある。

注

（1）村田武『現代ドイツの家族農業経営』（筑波書房、２０１６年）の77ページ以下、第4章「バイエルン州のマシーネンリンク」参照。

（2）ドイツ政府は１９９８年センサスまで農用地面積１ha以上、99年から２ha以上であった農業経営基準を、２０１０年農業センサスから主業・副業経営に関係なく農用地面積５ha以上に変更した。農用地面積５ha未満の例外規定経営には、①一定数以上の家畜飼養（牛10頭、豚50頭、母豚10頭、家禽１０００羽）、②露地永年作物１ha以上または果樹・ブドウ・樹苗０・５ha以上、③ホップ０・

5ha、葉たばこ0・5ha、④露地野菜またはイチゴ0・5ha以上、⑤露地花卉または観葉植物0・3ha以上、⑤ガラス温室などハウス園芸0・1ha以上、⑥菌茸類0・1ha以上が列挙されている。Statistisches Landesamt des Freistaat Sachsen, C/LZ 2010, S.3.,Bundesministerium für Ernährung, Landwirtschaft und Forsten, Agrarbericht 1988 der Bundesregierung, SS.18-19.

　1960年代の西ドイツ農業の階層分化と経営構造を論じた松浦利明は、磯辺秀俊に依拠して、「今日の西欧の場合、労働型から資本型への過渡期として把握できる」とした。松浦利明「西ドイツ農業における階層分化」的場徳造・山本秀夫編著『海外諸国における農業構造の展開』（農業総合研究所、1966年）所収、163～64ページ。なお松浦は、1984年にEC共通農業政策において本格的な過剰生産対策が酪農部門における生乳生産割当制度として行われことについて、「EC農業において最も基幹的な酪農部門に、自由競争による最適化を否定する数量割当が採用されたことの意義は大きい」として、1984年に10数年ぶりに政権に返り咲いたキリスト教民主同盟・社会同盟の保守党政権になって「農民的家族経営」（bäuerlicher Familienbetrieb）という表現が復活したとしている。松浦利明解題「西ドイツの農民的家族経営の展望」『のびゆく農業』712、1986年、2～4ページ。

　さらに、津谷好人は1970年代から80年代半ばにかけての旧西ドイツ北西部のニーダーザクセン州とシュレスヴィヒ・ホルシュタイン州における経営展開を分析し、農業機械化の進展を「60年代前半から中頃にかけて小型機械化段階へ、さらに70年代には大型機械化段階に急速に移行した」

として、優良経営層が高度機械化段階において重装備化して高労働生産性を実現する近代的農民経営であるとした。津谷好人「戦後西ドイツにおける農民経営の展開」椎名重明『ファミリーファームの比較史的研究』御茶の水書房、1987年、61~85ページ。

(3)StMLF, Bayerischer Agrarbericht 2014. バイエルン州の2010年の農業経営（11万6886経営）は農用地規模別にみると、10ha未満層4万3771経営（34・5%）、10~20ha層2万7280経営（23・3%）、20~30ha層1万3096経営（11・2%）、30~50ha層1万7984経営（15・4%）、50~75ha層9872経営（8・5%）、75~100ha層4158経営（3・5%）、100ha以上層4125経営（3・5%）である。そして、このバイエルン州でも経営増減分岐点は50haから75ha水準に上昇した。

　さらに、農用地（バイエルン州の農用地総面積は2010年では322万ha）の経営規模別分布では、10ha未満層に18万8143ha（5・8%）、10~20ha層に41万6438ha（12・9%）、20~30ha層に32万7682ha（10・2%）、30~50ha層に69万6938ha（21・6%）、50~75ha層に59万8578ha（18・6%）、75~100ha層に35万6649ha（11・1%）、100ha以上層に63万5781ha（20・0%）と、経営増減分岐点75ha以上層では99万2430haと30%の農用地が集積されるレベルにある。LfL-Information（Bayerische Landesanstalt für Landwirtschaft）. Agrarstrukturentwicklung in Bayern, Mai 2011, SS. 2-4.

(4)なお、ブランデンブルク州（5400経営）の1経営当たり平均農用地規模246ha、メクレンブルク・フォアポンメルン州（4900経営）の同277ha、ザクセン州（6500経営）の同140ha、ザクセン・アンハルト州（4300経営）の同274ha、チューリンゲン（3500経営）の同221haにみられるように、旧東ドイツではかつての大規模集団農場、すなわち農業生産協同組合（LPG）や、国営農場（VEG）を中心にした社会主義の大規模経営構造を引き継いだ有限会社や協同組合などの大型法人経営中心の構造が維持されていることがわかる。

(5)磯辺秀俊は編著『家族農業経営の変貌過程』の第1章「家族農業経営の類型」（東京大学出版会、1962年）、さらに『農業経営学 改訂版』（養賢堂、1971年）でも、商品生産化の程度、賃労働への依存度、資本の果たす役割を主要指標として、家族経営（“Family farm” “Bauernwirtschaft”）は、無数の過渡的形態があるが、以下の4つの類型が区別されるとした。

⑴2つの自給的農業類型

⑴の1。すなわち――交換経済の未発達な段階の自給経済的な「**自給経済的家族経営**」――未開の地域に多くみられるもので、「多くは家長の下に直系家族のほかに多数の傍系家族も含む前近代的な大家族制をとり」、技術の発達が低く、手労働を中心にして、生産性の低い「チャーヤノフの主体的均衡論」（生産物は販売されず、価格がないので、貨幣計算による経済的思考は行われず、生産活動は労働と消費の心理的均衡によって規制される）がもっともよく当てはまる。

⑴の2。「**付随的自給農業**」――発達した交換経済のもとでも、「主業のかたわら付随的に営む自給的農業」が存在する。家族は一般に近代的小農家族となり、「農業生産は必要充足の原則に支配さ

れるが、農業外の経済活動は貨幣経済的思考によって強く動かされる。」同じ自給農業ではあっても、上の「自給経済的家族経営」と性格は著しく異なっている。農業生産の規模はきわめて零細で、労働手段も低度である。「西ドイツやベルギーなど西欧諸国の農業統計に多く現れる零細経営は、多くはこの種のものである。」

(2)商品生産的家族経営——商品生産的家族経営は、家族労働力を根幹とする点では共通するが、家族労働力と資本とくに固定資本の相対的重要度、すなわち「家族労働力が固定資本によって装備される程度によって、以下の2つの類型に区分される。

(2)の1。「**労働型の家族経営**」——家族労働力が投下資本に対して圧倒的重要性をもつ。すなわち、機械化が進まず、低度の労働手段で、家族労働に強く依存して生産性が低い。家族関係にはまだ前近代的な性格が残り、直系家族の外に多少の傍系家族が含まれることもある。雇用労働への依存は低いが、しばしば労働交換的慣行による他人労働の利用がみられる。たとえば西欧の小農民経営や東南アジアの農民経営。

(2)の2。「**資本型の家族経営**」——家族労働力を根幹とする点では、なお家族経営の範囲にあるが、家族労働力に対して固定資本の比重が高く、資本集約度の高い経営。高度に商品生産化され、進んだ技術が導入され、機械化が進んだ労働生産性の高い経営である。家族労働力を根幹とする以上、経営は家計と形態上結びついているが、実質的には、しだいに分離し、生活のための所得にとどまらず、積極的に投下資本に対する利潤、すなわち企業的採算を求めるようになる。資本家的企業の性格に近づいてくるのであって、その意味で「企業的家族経営」と呼ぶことができるようになる。アメリカの中規模以上の家族経営、西欧諸国の比較的大きい農民経営にそれがみられる。

(6)バイエルン州農業簿記統計調査結果は最近年については2018年度まで公表されているが、**表2―2**の下段の経営経費項目のうち物財費や機械設備維持費など、経営の資本集約度をうかがわせる数値がないので、ここでは2012年度のデータを利用する。この2012年度のデータでの分析は、拙著『現代ドイツの家族農業経営』(筑波書房、2016年)の序章でも行っている。

(7)マシーネンリンクについては、前掲拙著『現代ドイツの家族農業経営』の第3章「EU農業構造政策へのオルタナティブ」と第4章「バイエルン州のマシーネンリンク」を参照されたい。なお、河原林孝由基「ドイツ・バイエルン州にみる家族農業経営」(前掲『新自由主義グローバリズムと家族農業経営』)は、バイエルン州レーン・グラプフェルト郡のマシーネンリンクが、協同バイオガス発電事業の運営を支えている事例を紹介している。

(8)経営農用地規模が100haを超えて大きくなるなかで、トラクターやとくに穀物収穫作業におけるコンバインの大型化も顕著である。その大型コンバインでは世界的なアメリカ・ジョンディア社製コンバインがバイエルン州の家族農業経営にも共同所有形態で導入され、それが新しい「農民協同体」(Bauerngemeinschaft) とされ、経営維持に不可欠なものになっていることについても、前掲拙著『現代ドイツの家族農業経営』で紹介しておいた。

(9)Bayerischer Agrarbericht 2020, Ökologischer Landbau, Haupterwerbsbetriebe des ökologischen

Landbau 参照。なお、前掲河原林、２３７ページ参照。

(10) Bayerischer Agrarbericht 2020, Diversifizierung

第3章　マルクスの「合理的農業」と現代の家族農業

1　マルクスが指摘した大規模な工業的農業による物質代謝の亀裂

アメリカにおける環境保全型農業と小規模家族農業擁護をめざす運動において、マルクス主義と自然との関係の再評価がなされている。というのも、マルクスは他の誰よりも明確に、「農業の工業化」最先進国であるアメリカの農業が抱える問題を指摘していたからである。

まず、「自然と人間の物質代謝」に関する議論からみることにしよう。

ボストンの若手文化人類学者であるC・フィッツモーリスとB・ガローは、アメリカ・ニューイングランドにおける有機農業の展開を意義づけるなかで、マルクスやカウツキーに注目して以下のように述べている。

「経済が急速に発展するときには、いつでも敗者が生まれる。工業化された農業が発達すると、敗者は離農を迫られる。有機農業は、20世紀初頭にとくにイギリスで起きたフードシステムの工業化によって生じた問題に対する、地域密着型で環境に配慮した農家ベースの対応として始まった。資本主義を批判したカール・マルクスや後のカール・カウツキーが土壌の肥沃度の低下と拡大を続ける農業システムの関係に言及して、このシステムは『人間によって消費された土壌の栄養分が土壌に戻されることを妨げている』と述べた。1924年にオーストリアの哲学者ルドルフ・シュタイナーが、『バイオダイナミック農法』と呼んだ農業に関する一連の講義で、社会運動としての有機農業の理念について最初に意見を述べる以前から、このような議論はあったのである」(1)。

さてマルクスは、『資本論』第1巻「資本の生産過程」第4篇「相対的剰余価値の生産」第13章「機械と大工業」第10節「大工業と農業」で、資本主義的農業と人間と土地とのあいだの物質代謝、および土地の豊度との関係について言及している。

「資本主義的生産様式は、それが大中心地に堆積させる都市人口がますます優勢になるに従って、一方では、社会の歴史的原動力を蓄積するが、他方では、人間と土地とのあいだの物質代謝を、すなわち、人間により食料および衣料の形態で消費された土地成分の土地への回帰を、したがって持続的な土地豊度の永久的自然条件を攪乱する。」「資本主義的農業のあらゆる進歩は、単に労働者から略奪する技術における進歩であるだけでなく、同時に土地から略奪する技術における進歩でもあり、一定期間にわたって土地の豊度を増大させるためのあらゆる進歩は、同時に、この豊度の持続的源泉を破壊するための進歩である。**ある国が、たとえば北アメリカ合衆国のように、その発展の背景としての大工業から出発すればするほど、この破壊過程はますます急速に進行する**」（太字の強調は引用者による）[2]。

マルクスは、『資本論』第3部「資本主義生産の総過程」第6篇「超過利潤の地代への転化」第47章「資本主義地代の創世記」でも、以下のように言及した。

「大土地所有制度は農業人口をますます減少していく最低限度にまで縮小させ、これに、諸大都市に密集するますます増大する工業人口を対置する。こうして大土地所有は、社会的な、生命の自然諸法則に規定された物質代謝の連関のなかに取り返しのつかない裂け目を生じさせる諸条件を生み出すのであり、その結果、地力が浪費され、この浪費は商業を通して自国の国境を越えて遠くまで広められるのである（リービヒ）。……大工業と工業的に経営される大農業（大規模な機械化農業）とが共同して作用する。大工業と大農業とがもともと区別されるのが、大工業はむしろ労働力、それゆえ人間の自然力を荒廃させ破滅させるが、大農業はむしろ直接に土地の自然力を荒廃させ破滅させることであるとすれば、その後の進展において両者は握手する。というのは、農村でも工業制度は労働者たちを衰弱させ、工業と商業のほうは農業に土地を枯渇させる諸手段を与えるからである」[3]。

マルクスのいう「人間と自然との物質代謝」（der Stoffwechsel, metabolism）とは、人間労働が自然の素材に手を加えて素材的富・使用価値を生み出す生産過程における人間と自然との物質的交換（労働を通じて人間と自然との物質代謝は媒介される）という意味である。また、マルクスがここで言う「大土地所有」とは、小規模耕作に対置され、「大農業、および、資本主義的経営様式にもとづく大土地所有」である。

そして、マルクスは、資本主義下の大規模農業に固有の性格は、土壌管理というリービヒの新しい科学の合理的適用を妨げる、すなわち農業におけるあらゆる科学的技術的進歩にもかかわらず、資本は土壌養分のリサイクルのための条件を維持することができないとしたのである。つまり、マルクスは農業の発展を単純に大規模農業とはせず、むしろ大規模農業の危険性を人間と自然との間の物質代謝の亀裂に見ており、持続可能性の条件が維持される場合には大規模農業もありうるが、それは資本主義的農業では不可能だと考えたのである(4)。

この大農業による人間と自然の物質代謝の亀裂論は、「最新の（1880年代の）農学の発展が、厩肥がなくても人造肥料によって、また窒素を固定させるマメ科植物に一定のバクテリアを付着させることと等々によって、土地の生産力を回復させることが完全に可能であることを示した」(5) 段階においても、カール・カウツキーが、次のように進化させている。

カウツキーは、「人間の排泄物の略取に比べれば、人造肥料はひとつの弥縫策（ein Palliativ, 一時抑えの緩和剤）に過ぎない」(6) とした。そのうえで、社会主義のもとで、「都市と農村、または少なくとも人口稠密なる大都市と荒廃せる農村地方との対立が止揚される場合に於いて、土地から取り去られた素材はますます完全に土地に逆流し来り得るであろう。かくして助成肥料は、せいぜい土地の一定の素材を豊富にする任務を有するにすぎずして、その減退に対応する任務をもつものではなくなるであろう。土地耕作の技術の一切の進歩は、かくてまた、人造肥料の供給なくしても、土地に於ける溶解し得るべき栄養素の成分の増加を意味するであろう」[7]とした[8]。

2　マルクスの「物質代謝の亀裂」論と日本農業

リービヒ『化学の農業および生理学への応用』は、その「序論の5．農耕の歴史」のなかで、「中国および日本の農業は、経験と観察に導かれて、土地を永久に肥沃に保ち、その生産力を人口の増加に応じて高めていくのに適した、無類の農法を作りあげた。……中国と日本の農業の基本は、土壌から収穫物に持ち出した全植物養分を完全に償還することである。……ヨーロッパの農業は日本農業とは完全に対照的であって、肥沃性の諸条件に関しては耕地の略奪に頼りきっている。」[9]とした。

マルクスはリービヒの同書第7版の付録Kのマローン博士（Dr. H. Maron）（プロシャ王国東アジア調査団団員）の「日本農業に関し、ベルリンにおいて農業大臣に行われた報告」（Annalen der Preussische Landwirtschaft, 1862年1月号）も読んでいた[10]。

たいへん興味深いのは、マルクスの『資本論』における日本への言及は第1巻第7篇「資本の蓄積過程」第24章「いわゆる本源的蓄積」の第2節「農村民からの土地の収奪」において、「**日本は、その土**

地所有の純封建的組織とその発達した小農民経営」（強調は引用者）によって、……はるかに忠実なヨーロッパの中世像を示してくれる」[11]としたうえで、日本農業をいわば「物質代謝適合農業」とみたと考えられることである。

マルクスは、日本の農業を模範的だとしているからである。ただし、マルクスは「もし、ヨーロッパによって押しつけられた対外貿易が日本において現物地代の貨幣地代への転化をもたらすならば、日本の模範的農業もおしまいである。その狭い経済的存在諸条件は解消されるであろう。」[12]と、「模範的な日本農業」が現物地代（年貢）などの「狭い経済的存在諸条件」のもとでのみその存在が許されていることに注意を払ってもいる。

第1巻第7篇第23章「資本主義的蓄積の一般的法則」第5節「資本主義的蓄積の一般的法則の例証」の「e　大ブリテンの農業プロレタリアート」で、便所さえ十分でない農業労働者の悲惨な居住状態を指摘するなかで、「日本では生活諸条件の循環はもっと清潔に行われている」とした[13]。それは、また人間の自然的な排泄物である「消費の廃棄物の利用」が、「たとえばロンバルディア、南中国、および**日本におけるような園芸式に営まれる小農業**（強調は引用者）においても、この種の大きな節約が行われている。」[14]。みられるように、都市の人糞尿がすべて農地に還元される日本農業は、略奪農業ではない「模範的農業」であるとするとともに、本源的蓄積との関わりでは都市住民の公衆衛生面での優位性、利潤率の引上げとの関わりでの不変資本の節約の優位性の事例としてのマルクスの日本農業理解が示されている。というよりも、マルクスにとっては、「自然と人間の間の物質代謝の亀裂」を深刻化させる資本主義的大農業ではない、それを克服する「合理的農業」の担い手がどのような農業経営であるかに関わって、「日本におけるような園芸式に営まれる小農業」にその可能性を考えていたとみるのはあまりの深読みであろうか。

3　エンゲルスが引き継いだ「小農民、あるいは結合された生産者たちの管理による合理的農業」論

『資本論』第3部第1篇「剰余価値の利潤への転化、および剰余価値率の利潤率への転化」第6章「価格変動の影響」に現れる次の指摘も、上述の資本主義と大規模農業の関係についての指摘から必然的に導き出されるものであったと考えられる。

それは、「歴史の教訓は、……資本主義制度は合理的農業に反抗するということ、または合理的農業は資本主義制度とは相容れない（資本主義制度は農業の技術的発展を促進するとはいえ）ものであり、**みずから労働する小農民の手か、あるいは結合された生産者たちの管理かのいずれかを必要とすること、**である」（強調は引用者）というものである[15]。

マルクスのいう合理的農業とは、リービヒの新しい科学の合理的適用が行われる、すなわち人間と自

然との物質代謝に裂け目（亀裂）を生じさせない、土壌養分のリサイクルを維持する農業であり、それは「みずから労働する小農民の手か、あるいは結合された生産者たちの管理」を必要とするのである。

そして、このマルクスが農民に対してプロレタリアートが採用すべきだとした態度は、エンゲルスに引き継がれたのである。エンゲルスは、ドイツ社会民主党フランクフルト党大会（1894年）の農業決議をめぐって執筆した『フランスとドイツの農民問題』において、以下のように指摘した。

そこで指摘されているのは、一般に西欧にとってすべての農民のうちで一番重要な小農（Kleinbauer）――普通、自分自身の家族とともに耕せないほど大きくはなく、家族を養えないほど小さくはない一片の土地の所有者または賃借者――に対するわれわれの態度は、第1に、小農の没落が避けがたいことを予見しはするが、われわれが介入してその没落を早めることは決してしないこと。第2に、われわれが国家権力を握ったときに、大土地所有者に対するのと同様に小農も力づくで収奪する（有償か、無償かは関係ない）ことはとうてい考えられない。小農に対しては、何よりも力づくではなく、実例とそのための社会的援助によって、小農の私的経営・所有を協同組合的なものに移行させることである、ということであった。

そのうえで、エンゲルスが強調したのは、「われわれのおかげでプロレタリアートのなかに現実に落ちこまずにすみ、**農民のままでわれわれの味方に獲得できる農民の数が増えれば増えるほど、社会の改造はそれだけ速やかに、容易に行われるようになる。**資本主義的生産がどこでもその最後の帰結にまで発展しつくし、小手工業者と農民が最後の一人まで資本主義的大経営のいけにえになるまで、この改造を待たなければならないというのでは、どうにもならない」（強調は引用者）ということであった(16)。

エンゲルスは、農業労働者をあるていど雇用する農民を中農、大農とし、数のうえでは大多数の「雇用のない小規模家族経営」をKleinbauer（小農）としている。農民のまま味方につけたいのは、農民の中心であるまさにこの小農であった。

4　カウツキーの「協同組合的あるいは自治体大経営」論

カウツキーも、エンゲルスの議論を引き継ぎ、手工業者と同様に、「寄生的でない農民の小経営」、すなわち「経済的生活においてなお重要な機能を果たしているところのもの」も、社会主義のもとでは「社会的生産の一環」となるのであって、「農民と農業労働者は、資本主義社会から社会主義社会への推移に際して、特に尊重すべき労働力とならざるを得ない」として、19世紀末の世界市場の動きを踏まえて以下のように指摘する(17)。

「世界市場に対する工業の巨大なる拡張及び同時に外国の穀物による市場の氾濫は、農村人口を、ことに最も労働能力のある要素を都市に追いたてる。内国市場が再び国民経済の前景に登場するや否や、これは、なかんずく、農業の重要性の増大に現れざるを得ない。大衆のヨリ高い消費能力はヨリ多い食糧品を要求する。輸出の減少は外国からの輸入を減少せしめる。最大可能なる利益を求める農業の周到なる合理的なる経営が、その時には不可避である。最良の生産手段、最良の労働力を農業に供給せねばならない。……今日の社会では恐らく継子扱いにされている農業労働者と小農民の二者は、かかる状態においては極めて熱望されるに違いない。したがって、最も恵まれた社会的地位を得るに違いない。……社会主義的な制度は国民栄養のためにも確かに、農業者の状態をできるだけ有利にすることを試みねばならぬであろう。……プロレタリアの政治は、農民の労働をできるだけ生産的にすることに、従って彼に最良の技術的な便宜を与えることに多大の利益を有している。」

そして、「社会民主党は、農夫を収奪する代わりに、資本主義の時代には全然近づきえなかったところのもっとも完全なる生産手段を役に用立てるであろう。もちろん、農夫は最も完全なる生産手段はこれを大経営にのみ適用しうるにとどまる。そして社会主義の政治は、大経営が急速に広がる方向に努力しなければならないであろう。しかして農民を、協同組合的あるいは自治体大経営に移すべく、その耕地を整理させるようにするためには、収奪という方法は必要ないだろう。……人が農民にヨリ完全なる経営方法の利益を与えるために暴力的没収の方法を選ぶであろうとは全然考えられないことである。しかしながら、その際に、小経営が大経営より有利であるような農業の部門あるいは地方が存在するならば、それを型にこだわって大経営にもっていく少しの理由も存在しない。それは、国民的生産にとって重大な意義のある経営部門でも、地方でもない。何となれば、農業の決定的な部門においては、現在すでに大経営が優越せるものであるからであろう。かくて、世界市場から内国市場への経済的重点の移動は、まさにこの部門、なかんずく、穀物生産を再び多く前景に押し出すにちがいない。」[18]

カウツキーが、「小経営が大経営より有利であるような農業の部門あるいは地方が存在するならば、それを型にこだわって大経営にもっていく少しの理由も存在しない」――おそらくカウツキーの意識にあったのは、大都市近郊園芸農業やライン川流域等のワイン用ブドウ栽培などであったろう――という留保をつけながら、社会主義のもとでは大経営への移行が不可避だとした。そして、その大経営を、協同組合的あるいは自治体的大経営（genossenschaftlicher oder kommunaler Grossbetrieb）とした。協同組合的大経営とともに地方自治体（管理の）大経営が挙げられているのは興味深いところであるが、ともかくも社会主義は小農民経営を大経営に移す必要があり、それが可能だとしたのである。

それには、以下のような事情があったからと考えられる。すなわち、19世紀末におけるドイツでは、①大経営が農耕方式において高度である――大経営では改良輪作農法が一般的であるのに対し、小経営の多くは三圃農法、②大経営は農業機械も多く持っている――蒸気脱穀機、馬力脱穀機、穀粒選別機、条播機、厩肥散布機、馬力砕土機、円盤地均し機など[19]。つまり、小経営は農作業をもっぱら手労働で行う「労働型の家族経営」であったのに対し、大経営では農作業の機械化水準において小経営とは質的に異なる発展段階に到達しており、農業生産力の担い手層であった。

すなわち、マルクスからエンゲルス、カウツキーにいたる19世紀後半、とりわけ最後の四半世紀においても、経営耕地規模5～20 haを中心とする小農民経営（雇用があってもごくわずかの家族農業経営）

は農業生産力の担い手たりえなかったこと、同時に大経営は農法改革・農業機械化を担っており、カウツキーは、都市と農村の対立の克服と一体となった「協同組合的あるいは自治体大経営」であるならば、「人間と自然との間の物質代謝の亀裂」を克服する農法改革と農業機械化を担える大規模農業が社会主義のもとでなら実現できると考えたとすべきであろう(20)。

5 「社会主義国」における強制的農業集団化

ところが1920年代後半以降のスターリン体制のもとで、初期ソヴェト時代の自然保護理念はブルジョア的だと攻撃された。そして、スターリンの後押しのもとに生物科学の権威となったT・D・ルイセンコによる生態学や遺伝学への攻撃もあいまって、「生産のための生産の拡大がソヴェト社会の最優先」(21)とされることで、レーニンの「農民のままで味方につける」戦略は完全に放逐されることになった。

10月革命後の戦時共産主義のもとで、1919年3月に開催されたロシア共産党(ボ)第8回大会に提出された「ロシア共産党(ボ)綱領草案」の「綱領の農業条項」で、レーニンは「ソヴェト権力は、土地の私的所有の完全な廃止を実現したあと、すでに、大規模な社会主義農業の組織化をめざす幾多の方策の実施にうつった。そういう方策のうちでもっとも重要なものは、つぎのものである。ソヴェト農場すなわち社会主義的大農場を組織すること、農業コンミューンすなわち大規模な共同経営を営む農耕者の自発的団体や、共同耕作のための団体ならびに組合を組織すること、だれの土地であるかをとわず、すべての未作付地の作付を国家の手で組織すること、農作の向上を目的とする精力的な措置をとるため、国家がすべての農学者陣を動員すること、その他」（『レーニン全集』第29巻、125ページ）とし、富農、農村ブルジョアジーの反抗は断固として弾圧するが、中農にたいしては、「彼らを徐々に計画的に社会主義建設の活動に引き入れること」とし、中農の「後進性にたいしては、弾圧の方策ではなく、思想的働きかけの方策によってたたかい、彼らの死活的な利益にふれるあらゆるばあいに彼らとの実務的な協定をとげるようにつとめ、社会主義的改造の実施方法を決定するにあたっては彼らに譲歩する」（同126ページ）とした。そして、同大会での報告「農村における活動についての報告」では、カウツキーが農業問題に関する著書のなかで「農民層の中立化」を主張し、エンゲルスが農民層の大農、中農、小農への区分を確立していたことを継承するとして、レーニンは「地主と資本家については、われわれの任務は完全な収奪である。だが中農にたいしては、われわれはどんな暴力行為もゆるさない。富農にたいしてすら、地主にたいする場合のようには、……完全な収奪とはいわない。……ブルジョアジーの完全な収奪、他人を搾取しない中農との同盟」（同196～97ページ）とした。さらに、「ここでの任務は、要するに、中農の収奪ではなく、農民の特殊な生活条件を考慮し、よりよい制度へ移っていく方法を農民にまなぶことであり、**あえて命令しない**ことである！」（強調はレーニンによる。同203ページ）とくどいほど強調した。

しかし、このレーニンの中農にたいする態度は、戦時共産主義下の食糧徴発制が1921年の凶作も加わって、実際には中農の収奪であり農民の不満と抵抗を高めたことに見られるように、実質的には失われていたとみるべきであろう。これが、1918年のチェコスロヴァキア軍団による内戦による軍事的危険がソヴェト権力を襲い、内戦が1920年まで長引くとともに、帝国主義戦争（第1次世界大戦）後の「共和国の絶望的状態」に影響されて、レーニンが「ロシアの古い経済から国家的生産や共産主義的原則にもとづく分配に直接に移行する」（同48ページ）ことを決める誤りを犯したのであって、「農民は割当徴発によってわれわれに必要な量の穀物を提供するであろうし、われわれはその穀物を工場に分配しよう。こうして、わが国には、共産主義的な生産と分配が生まれるであろうと決めたのである」（同49ページ）。そして、これは、以前に資本主義から社会主義への移行について書いてきたこと、すなわち「社会主義的な記帳と統制の一時期がなければ共産主義の低い段階にうつることさえ不可能だという考えに、矛盾するものであった」（同50ページ）との自己批判を行うのである。（レーニン全集第33巻、「新経済政策と政治教育部の任務・政治教育部第2回全ロシア大会での報告」、1921年10月17日）

1921年のロシア共産党第10回大会で採択されたネップは、戦時共産主義への農民の不満を和らげるために、食糧徴発制の食糧現物課税制への転換、食糧の自由販売や小企業や国内商業の私営の認可など全般的な商品貨幣経済の再導入と市場メカニズムの広範な利用を認めるものであった。そして、このネップにおける農民とソヴェト権力の関係は、食糧と工業製品の商品交換を本格化させることにあるとし、ネップにおける地方ソヴェト機関に対して、農民の状態の改善に力を入れつつ、「農業の高揚」を求めている。（1921年5月21日の「労働国防会議から地方ソヴェト機関への指令」『レーニン全集』第32巻、419ページ）。レーニンは戦時共産主義下で地主経営の没収と土地国有化で社会主義大農場を建設し、食糧調達で苦境に追い込んだことでソヴェト権力への反抗を強めた富農を含む農民経営には、食糧調達を食糧税に転換する妥協を行って、社会主義建設に必要な食糧の確保をめざしたのである。

ネップはその初期においては畜産を含む農業生産を改善し、1926年までには第1次世界大戦前の水準に達したが、1926年以降は停滞し、低下が顕著になった。1928年初めに国家の穀物調達が危機に陥り、その後は食糧危機が続くことになる、ロシアの農村では、コンミューン（共同化の完全な集団農場）、アルテリ（耕地と家畜・農具の主要部分を共同化した集団農場）、トーズ（共同耕作組合）など多様な共同経営組織が存在し、それらはコルホーズと総称され、戦時共産主義時代にはそれが奨励されたのであるが、そのほとんどの土地利用は個別農家まかせであったとされており、ネップ期においては、「数千の集団的団体の多様な形態での存在が提供した広範な経験は、したがって、ほとんどまったく無視され、来るべき利用の機会の逸した」（レヴィン、95ページ）のである。したがって、1927年12月に開催された第15回ロシア共産党大会は、集団化の問題を本格的にとりあげ、「社会化された農業労働の萌芽をできるかぎり奨励しながら、協同化の継続にもとづいて、零細な農民経営の大土地経営（農業の集約化と機械化にもとづく土地の共同利用）への漸次的移行をもっとも重要な課題として提起することが必要である」（レヴィン、166ページ）とした決議は、スターリンによる1929年10月に開始したコルホーズ（集団農場）への農民の集団化の強行によって反故にされてしまう。スターリンは、同年に着手した「5カ年計画」の重工業化プロジェクトで、農村から大量の工業労働者を引き出すとともに、本格的な工業化に必要な穀物の調達には集中管理・統制しかなく、それを可能にするのは、「先進的な集団農業」だけだとして、農民の激しい抵抗を力づくで排除しつつ、集団化を強行したのである。この1929年10月に始められた「加速度的集団化」は、「国内戦以来経験したことのない農民に対する暴力の展開」によって、「恐怖と絶望によってひきおこされたコルホーズへの（農民の）殺到は、大量の家畜と農具の破壊を伴なった。」「この激動の結果蒙った家畜、農具それに人命の損失は、莫大なものであった。」[22]

レーニンは、自ら建設をめざした社会主義大農場が、食料増産圧力のもとで、「結合された生産者たちの管理による合理的農業」の担い手になるどころか、自然と社会の物質代謝を攪乱する工業的農業に突っ走ることになろうとは予測もしなかったであろう。

さて、1991年のソ連邦崩壊にともなって、集団農場は解体されるが、その大半は大規模な農業企業として存続し、農民経営の創設は主流にはならなかった。2006年のデータでは、平均規模240

0haの農業企業が約4万経営、同141haの農民経営が15万経営とされている。なお、ソ連邦時代の自留地を起源とする住民副業経営（0・5ha規模）が約2000万あるとされている[23]。

第2次世界大戦後、1949年に成立した中華人民共和国では、毛沢東（国家主席）が提起した第2次5カ年計画（1958年～）で、社会主義建設の総路線のもとで、経済の「大躍進」と一体的に、農村では「人民公社」（農業の農業生産合作社による集団化と基礎的行政組織の一体化）建設が強行された。その後の紆余曲折を経て、1980年代半ばにいたって人民公社は解体され、農地請負制度による個別農家経営の再生が行われて、今日にいたっている[24]。

同じく第2次世界大戦後、ソ連邦を中心とする東側ブロックに組み込まれた東欧諸国では、「生産協同組合」と称するコルホーズ型の農業集団化が強行された。しかし、各国それぞれの農業構造や政権（いずれも事実上の共産党――東ドイツでは社会主義統一党――の一党独裁）の統治力の差によって、集団化レベルには差があった（**図3―1**参照）。集団化がもっともハイレベルであった東ドイツでは、1990年の西ドイツへの統合後も、生産協同組合はそのほとんどが大規模な農業企業に再編され、農民経営の復活・再生にはなっていない。

かくして20世紀社会主義国における農業集団化は、農民の熾烈な抵抗を力ずくで排除し、膨大な農民逃亡と餓死者を出しただけではなかった。それはカウツキーが展望した社会主義のもとでの都市と農村の対立の克服、したがって人間と自然との物質代謝の亀裂の克服を担える大経営という構想をまったく

図3-1　社会主義諸国の農用地に占める社会セクターの割合（1950年～65年）

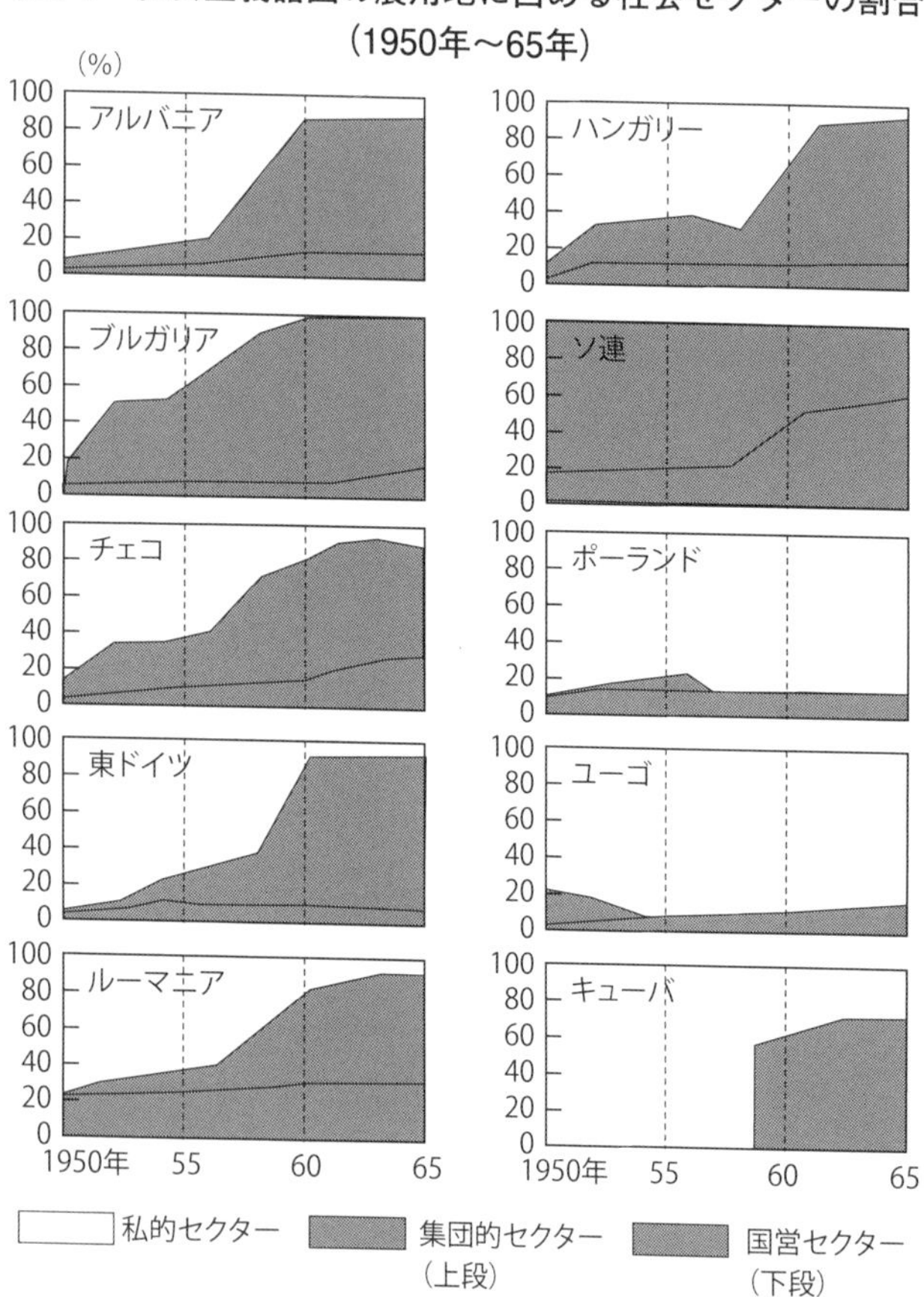

出所：Th. Bergmann, Studienmaterialien zur Agrarpolitik und Agrarwirtschaft sozialistischer Länder, Offenbach, 1973（相川哲夫・松浦利明訳『ベルグマン　比較農政論』，農政調査委員会, 1978年, 6ページ。）

裏切ることになった。機械化・化学化で「近代化」した社会主義大集団農場は、自然と人間の物質代謝の亀裂を克服するどころか、アメリカの大規模工業的農業とともに自然環境破壊に突き進んだのである[25]。

6　現代の家族農業は「合理的農業」を担える

さて、今や新自由主義グローバリズムという資本主義の最新段階＝資本主義生産様式が最終的に農業を征服する段階となった。アグリビジネス多国籍企業の主導する「農業の工業化」は自然環境破壊を深刻化させ、WTO農産物自由貿易体制による農業の国際分業圧力が途上国や食料輸入国の国内農業生産基盤を掘り崩し、小規模家族経営を経営危機に追い込んでいる。

そこで、世界各地で広がっているのが、「農業の工業化」路線へのオルタナティブをめざす小規模家族農業の有機農業をはじめとする環境適合型・持続型農業であり、安全・安心な食料をもとめる都市消費者との連携やローカルフード運動である。

20世紀社会主義においては、社会主義建設の課題が、半ば農業国段階という遅れた資本主義を工業国化することであり、それも帝国主義列強の社会主義包囲網・軍事的圧力のなかで迫られた加速度的社会主義建設であったことが、「小規模の遅れた個人農経営」からの穀物徴発と「近代的な集団農場」建設を強行させることになった。

しかし、今求められているのは、アグリビジネス多国籍企業の最大限利潤獲得に貢献する大経営によるバイオテクノロジー技術革新による農業生産力拡大＝「農業の工業化」ではない。求められる農業生産力の発展は、マルクスの言う「自然と人間の物質代謝の亀裂を克服する合理的農業」である。そして、今、世界で「農業の工業化」に対するオルタナティブとしての合理的農業づくりをどのような農業経営が担うかが問われている。

20世紀社会主義を生んだロシアや中国の農業が、「機械が散発的に使用され、生産が比較的小規模な」、マルクスが「マニュファクチュア」と呼んだ工業発展段階にあったのに対し、先進資本主義国（発達した資本主義）では、農業もまた小規模家族農業を含めてその生産力段階は「機械制大工業」の段階に到達している(26)。

家族農業経営は、手労働中心の、いわばマニュファクチュア段階の「労働型の家族経営」類型から、経営規模も大きく大型農業機械を装備した「資本型の家族経営」類型に発展している。

一例を、ドイツの家族農業経営地帯を代表するバイエルン州にみると、利用する大型農業機械投資はマシーネンリンク（農業機械サークル）への参加によって大幅に抑制が可能な、①農業経営規模50～200haの「畜産主幹耕種複合経営」（家畜飼料自給）が中核であって、②これに経営規模50ha未満で、経営主が農外就業する兼業農家を含む「穀作経営」が補完するというのが基本的な農業経営構造である。これらはいずれも、雇用労働力がほとんどない――せいぜい農業実習生1人を雇用する――自家労働力が中心の家族農業経営である。ごく少数の経営規模200haを超える大型畜産経営も存在するが、そのような経営でも労働力は基本的に家族労働力を超えない[27]。

雇用労働力――それも低賃金の外国人労働力――に依存する資本主義企業農場は、野菜・果樹園芸など、農作業において手労働が大きい農業部門に限られる。そして、「資本型の家族経営」に発展した現代の家族農業経営は、農業生産力の担い手として、法人型大経営にまったくそん色がない。穀作または畜産大経営が資本集約・単作型・高エネルギー消費型で化学物質・農薬の大量投入によって構築した自然環境破壊型生産力構造からの転換が困難であるのに対して、有畜複合経営型の家族経営は「合理的農業」への速やかな移行が可能である[28]。

すなわち、現代の家族農業経営は、マルクスが合理的農業に必要とするとした「みずから労働する小農民の手か、あるいは結合された生産者たちの管理」を実現する存在になっている。それはマルクスが期待した「小農民」とは歴史的範疇を異にする存在としての家族農業経営ならばこそなのであるが。

かくして、発達した資本主義国における社会主義では、WTO農産物自由貿易・農業の国際分業路線からの脱却とともに、都市と農村の対立の克服という難題が立ちふさがるが[29]、家族農業経営を大経営に集団化させる必要はなく、農業生産の主力を構成する家族農業経営の「合理的農業」の展開を支援する助成措置があればよいのである[30]。

その基本は、エコロジー的合理的農業の生産費を補填する農産物生産者価格の保障であろう。ちなみに、わが国のように、農地の維持が自然環境保全にとって重要な意味をもちながら、耕作放棄が広がり農業生産基盤の劣化に直面している中山間地やへき地等の条件不利地域が国土の相当の面積を占める場合には、平坦地など通常条件地域との生産費・出荷輸送費の差額が直接支払いで補てんされて当然であろう。ということは、「小農」とは異なる歴史的範疇とみる現代の先進国の家族農業経営には、わが国についても、北海道の畑作大型経営だけでなく、近年その成長が著しい10haから50haにいたる水田普通作大型経営も含まれると考えているからである。

注

（1）コノー・J・フィッツモーリス／ブライアン・J・ガロー（村田武・レイモンド・A・ジュソーム・Jr.監訳）『現代アメリカの有機農業とその将来』筑波書房、2018年、27ページ。

なお、本訳書の監訳者解説において、私は、こうしたアメリカ農業の新段階をどう理解するかに関して、常にわれわれの念頭にあるのは、以下の二つの歴史的見解であるとして、まず本文で紹介したK・マルクスが『資本論』第1巻第13章第10節「大工業と農業」（1867年刊）で言及したうえで、イギリスの農学者アルバート・ハワード（Albert Howard 1873～1945年）について引用した資本主義的農業と人間と土地とのあいだの物質代謝、および土地の豊度との関係について言及した、イギリスで1945年に出版されたハワード著“Farming and Gardening for Health or Disease”は、1947年に米国版が“The Soil and Health”として刊行されており、その第3版

（1956年）の邦訳が、横井利直・江川友治・蜷木翠・松崎敏英訳『ハワードの有機農業（上）（下）』（農文協・人間叢書、2002年）である。

ハワードは、インドでの実験と実践から、腐植や菌根菌の働きに着目して、土壌の肥沃度の回復には良質の堆厩肥の投入が必要だとし、それが作物・家畜の、ひいては人間の健康をもたらすとしたのだが、この『ハワードの有機農業（上）』はアメリカ農業について興味深い指摘を行っている。第1に、アメリカ農業の「機械化の進展と処女地の略奪」について、それが「植民地方式」（プランテーション）だとして、「この植民地方式の農耕は、もっぱら収奪すること、つまり大自然の蓄積物＝土壌の肥沃度を横取りし、農産物という形に転換しただけのことである。……北アメリカのような広大な小麦地帯では、腐食の富が50年にわたって利用できるほどで、農家はこの富を掘り当てる方法を十分に知っていた。」「要するに、ヨーロッパを支えてきた農耕方式――作物生育と土壌腐食との均衡のとれた状態――つまり有畜複合農業は、ついに海を越えて新大陸に渡ることがなかった。」「近代農業が犯してきた過ちのうちで、もっとも致命的なものは複合経営の放棄であった。」（101～08ページ）

第2に、森林破壊と土壌浸食についてである。「アメリカで、第二次世界大戦は前例のない規模で、土壌の肥沃度を収奪したのである。旱ばつと砂嵐の続発は、経済不況の時代には農家経済を著しく圧迫した。ルーズベルト大統領の任期中は、土壌保全がもっとも重要な政治的、社会的問題となっていた。」（143ページ）

第3に誤った土壌管理である。「化学肥料、とくに硫安の使用＝腐食含量が高く、安全範囲の大きい所でさえ、化学肥料の施用は大きな危害がもたらされる。吸収同化されやすい形態の無機態の窒素が添加されると、細菌類やその他の微生物が刺激され、その結果、微生物はエネルギー源としての有機物を腐食に求め、ついにはこれを使いつくす。次いで、土壌粒子を結合させている接着力の強い有機物をも使いつくしてしまう。」（159ページ）

（2）カール・マルクス（日本共産党社会科学研究所監修）『新版資本論』3、新日本出版社、2020年、881ページ。

（3）カール・マルクス『資本論』第3巻2・1894年刊、社会科学研究所監修・資本論翻訳委員会訳、新日本出版社、1997年、上製版第3巻b、1426〜27ページ。（『新版資本論』未刊）

マルクスのこのような「資本主義的農業と人間と土地とのあいだの物質代謝」についての理解、さらに「土地豊度の持続的源泉を破壊するための進歩が最も北アメリカ合衆国に現れる」とする理解はリービヒ（Justus von Liebig）『化学の農業および生理学への応用』（初版は1840年、マルクスが『資本論』で問題にしているのは1862年刊の第7版）で展開した議論の核心を全体として肯定的に受け止めたものである。上の引用文の末尾にマルクスは「自然科学的見地からする近代的農業の消極的側面の展開は、リービヒの不滅の功績の一つである」と注記している。

ところで、わが国で、マルクスの物質代謝論に注目し、リービヒとの関係について指摘したのは、椎名重明『農学の思想・マルクスとリービヒ』（東京大学出版会、1976年）であった。また、吉田文和『環境と技術の経済学』（青木書店、1980年）も、マルクスの考えがリービヒの前掲書での「略奪農業の歴史」についての記述を承けたものであることを確認している。

さらに、MEGA（新マルクス・エンゲルス全集）第4部門で刊行されるマルクスの「抜粋ノート」などを精査して、マルクスの「物質代謝の亀裂」論の形成過程を詳細に追った斎藤幸平は、『大洪水の前に――マルクスと惑星の物質代謝』（堀之内出版、2019年）で、リービヒ自らが『化学の農業および生理学への応用』（第7版序文）において、それまでの鉱物肥料の過大評価を改めて、「略奪農業」に対する批判を全面的に展開したことが大きな意味をもったとしている。

なお、中島紀一は、リービヒが「物質循環の視点から近代農業の基本構造を物質循環の破綻として看破した。しかし、この認識を踏まえた彼の農学的処方箋は物質循環の回復、再生ではなく、外部からの補給、すなわち人造肥料の補給による永続的農耕の実現というものだった」として、リービヒを物質循環論者とする日本の農業経済学界・農学界の常識は一面的であると批判している。中島紀一『「自然と共にある農業」への道を探る――有機農業・自然農法・小農制』筑波書房、2021年、238ページ。

(4)マルクスは、『資本論』第1巻・第3篇「絶対的剰余価値の生産」の第5章「労働過程と価値増殖過程」の冒頭で、「労働は、まず第一に、人間と自然とのあいだの一過程、すなわち人間が自然とのその物質代謝を彼自身の行為によって媒介し、規制し、管理する一過程である」とした。『新版資本論』2、310ページ。

(5)レーニン「農業問題と『マルクス批判家』」『レーニン全集』第5巻、152ページ。レーニンは、「農業問題と『マルクス批判家』」で、19世紀後半の農学の発展を無視したとしてカウツキーを批判する「マルクス批判家」を批判して、カウツキーの叙述を詳細に紹介している。

(6)カウツキー(向坂逸郎訳)、『農業問題』岩波文庫、上巻、95ページ。

(7)カウツキー、同上、上巻、362ページ。

(8)エンゲルス以降のマルクス主義においても、「自然と人間の間の物質代謝の亀裂」は社会主義の根本的な解決課題とされたことについては、20世紀に入っては、レーニンの『農業問題と「マルクス批判家」』(1910年)や、ブハーリンの『史的唯物論』(1921年)における社会と自然の均衡論に引き継がれたことを、ジョン・ベラミー・フォスター(渡辺景子訳)『マルクスのエコロジー』(原著はJohn Bellamy Foster, MARX'S ECOLOGY, 2000 by Monthly Review Press こぶし書房、2004年)が紹介している。

(9)リービヒ(吉田武彦訳・解題)『化学の農業および生理学への応用』北海道大学出版会、2007年、71ページ。

(10)カール・マルクス『資本論』第1巻第7篇第24章「いわゆる本源的蓄積」(日本共産党中央委員会社会科学研究所監修)『新版資本論』4、新日本出版社、1251ページの注192。なお、この注には、新たに※5「新メガ、第Ⅳ部、第18巻(2019年)のマルクスの抜粋ノートとメモには、この部分を執筆する時期のものとして、つぎのような日本関係の旅行記や報告書があげられている。」として以下が列挙されている。

ホークスの編纂によるペリーの『日本遠征記』（1856年、ニューヨーク）、ゴロヴニン『日本の回想』（1819年、ロンドン）、シーボルト『日本と日本人』（1852年、ロンドン）、リチャード・ヒルドレス『日本　過去と現在』（1855年、ボストン）、アンドリュー・スタインメッツ『日本とその国民』（1859年、ロンドン）、R・トームズ『日本と日本人』（1859年、ロンドン）、ジョージ・スミス『日本における十週間』（1861年、ロンドン）、キナハン・コーンウォリス『日本への1856～58年の二度の旅行』（1859年、ロンドン）、1860年–61年に日本を訪問した東アジア遠征団の一員H・マローンが農商務大臣に提出した日本訪問の報告書（1862年）、『新版資本論』4、1252ページ。

なお、マルクスは1866年2月13日付のエンゲルス（在マンチェスター）宛の手紙で、『資本論』の地代に関する論述がほぼでき上がったとして、「僕は昼間は博物館に行き、晩に書いた。ドイツにおける新しい農芸化学、ことにリービヒやシェーンバインは、この問題にかんしてはすべての経済学をひっくるめてもそれ以上に重要だし、他方には僕が近ごろこの点を取り扱いはじめてからこのかたフランス人たちによってこれについて提供された大量の材料があってこれらのものが読破されなければならなかった。僕は地代にかんする僕の理論的な研究を2年前に終えた。そして、ちょうどこの間に多くのことが、しかもまったく僕の理論を確証しつつ、なしとげられた。日本についての解明も（平素は僕は、職業上強制されないかぎり、旅行記を読むようなことは概してないのだが）この点は重要だった。」としている。『マルクス・エンゲルス全集　書簡集1864～1867　第31巻』149ページ。

ちなみに、シーボルト『日本と日本人』の第2章「1826年の江戸参府紀行」（『東洋文庫87　シーボルト　江戸参府紀行』、斎藤信訳、平凡社、1967年）の「10　大阪滞在」には、「土地は砂地であるが、根気のいい努力と人為的な補助手段とで土地をたいへん肥沃なものにしている。畑には、農家の家族が自身でその大半を引き受けている液状の肥料をまくか、または彼らが道に沿って並べて置いた桶の中に通りすがりの旅行者から肥料を集める」とある。（241ページ）さらに「11　大阪から長崎への帰り道」では、「この地方は概して平坦で下は砂地であるが、肥えているのは農民の根気のよい努力の賜物である。大阪の町からは、特別な設備をした糞尿を積んだ汚穢舟がよくやってくるが、これは日本じゅうで使われている肥料で、夏期にはいろいろな野菜や穀物に施すのが普通である。そのため6、7月にはすべての地方、とくに大都会周辺の地方は悪臭に満ちていて、すばらしい自然を楽しむのにたいへん妨げとなることがよくある。」（246ページ）などの記述がある。

なお、マルクスは目を通していないとみられるが、イギリスの初代駐日公使であったラザフォード・オールコックの1859～62年の在日3年間の記録『大君の都—幕末日本滞在記』（原著は1863年にニューヨークで出版。山口光朔訳、岩波文庫・上中下3巻、1962年）の第15章「田園散歩、日本の農業……」には、「残念ながら、ときどき耕作地へ肥料桶をはこんでゆく人足の列に出会うことがある。さらに悪いことには、すでに説明したような方法でそれをまいている現場にゆきあわすことがある。」（中巻25ページ）この説明には、「こやしのまき方」「こやしの処理」という2つの図がつけられている（中巻23ページ）。「イギリスの耕作法にかなうような輪作は、まだ知られてもいなければ、行われてもいない。また、米作に必要な灌漑の便利のための土地の配列は、土壌がもっと乾いた状態を必要とする他の作物のために同じ畑を利用することを不可能ならしめている。」とある（中巻43ページ）。ところが同じ15章には「作付けおよび作物の輪作ということは、日本人は十分理解している。コメは全住民の主食である。国中どこでも、土壌の性質が米作を可能とするところでは、……灌漑と施肥とがまったく結合して行われる。……自分の農地を整然と保っていることにかけては、世界中で日本の農民にかなうものはないであろう。田畑は、念入りに除草されているばかりか、他の点でも目に見えて整然と手入れされていて、まことに気持ちがよい。土に使われている肥料（尿としもごえ）は、たしかに雑草の成長を減じる点でいちじるしい効果がある。」ともしている（中巻48〜49ページ）さらに第21章の「日本の農村生活」でも、「すべての谷間の耕作地の土壌は、……ゆたかな土地で、火成岩の砕石からできているらしく、それが町々からはこばれてくる液体肥料によって何世紀ものあいだ引き続いて肥やされていっそう肥沃になっていた。」とある。（中巻221ページ）

(11)『新版資本論』4、1251ページの注192。

(12)カール・マルクス『資本論』第1巻第1篇「商品と貨幣」第3章「貨幣または商品流通」『新版資

本論』1、245ページ。

(13)『新版資本論』4、1201ページ。

(14) カール・マルクス『資本論』第3巻第1篇「剰余価値の利潤への転化、および剰余価値率の利潤率への転化」第5章「不変資本の使用における節約」『新版資本論』8、176~77ページ。

(15)『新版資本論』8、211ページ。

この「みずから労働する小農民の手か、あるいは結合された生産者たちの管理」に関わって、マルクスはすでに1874年から75年にかけての手稿で、農民が私的土地所有者として大量に存在するところでは、プロレタリアートが握る政府としては、農民の状態を直接に改善し、農民を革命の側に獲得するような諸方策をとらなければならないのであって、「その諸方策は、土地の私的所有から集団所有への移行を萌芽状態において容易にし、その結果農民がおのずから経済的に集団所有にすすむような諸方策であって、たとえば相続権の廃止を布告したり農民の所有の廃止を布告したりして、農民の気を悪くするようなことをしてはならない」としていた。(マルクス「バクーニンの著書『国家性と無政府』摘要」『マルクス＝エンゲルス全集』第18巻842ページ。)なお、マルクスのこの手稿に以上の指摘があることは、不破哲三『新・日本共産党綱領を読む』(新日本出版社、2004年、393ページ)で知った。不破は、マルクスのこの指摘とエンゲルスの『フランスとドイツの農民問題』(1894年)にもとづいて、「社会主義的変革と生産手段の社会化」をめぐっては、工業などの場合には資本家がもっている生産手段をしかるべき方法で取り上げ、社会の手に渡すことが社会化の主要な方法になるが、農民の場合には別の方法が必要であって、農民が個々ばらばらにもっている生産手段を、農民の合意と納得を得て協同組合に集めて、「農民たちが、より大規模な農業経営を共同でおこなう、これが小農経営が支配的な国々における農業の社会化のいちばん適切な方法だ」として、生産手段の社会化に二つの方法があるとした。

なお、不破哲三は『「資本論」のなかの未来社会論』（新日本出版社、２０１９年3月刊）で、「農業における社会主義の道は？」と題する第2章（５）で、社会主義への過渡期において、「土地の国有化」の方針を採用してはならないことは、エンゲルスだけでなくマルクスも主張していたとしている（同書１４７～58ページ）。

(16)エンゲルス「フランスとドイツにおける農民問題」『マルクス＝エンゲルス全集』第22巻、４９６ページ。

ドイツ社会民主党の農業論争については、山口和男の研究がある。それによれば、ドイツ社会民主党のフランクフルト大会（１８９４年10月下旬）で採択された「農民保護政策についての決議」は「現実の農村においては、大経営による小経営の吸収というように事態は進行せず、とくに果樹栽培・畜産のように商業作物経営では、むしろ小経営の競争力の優位が経験的に立証される」として、「労働者の低賃金がかれらの生活手段購買力をよわめ、農産物価格を引き下げるのだから、プリレタリアと農民の利害の共通性を宣伝することによって、党は有効なアジテーションを実行できる」とする、バイエルンを本拠地にしたフォルマールの提案に基づくものであった。そして、これは1891年のエアフルト綱領の農民層の必然的プロレタリア化の理論に縛られて、「19世紀末の農業恐慌のもとで東エルベのユンカーによる農民層の政治的把握が顕著になってきているのに対して、農村において有効な政治活動を展開しえないでいることへの疑問の発生」が、ドイツ社会民主党において農業論争が発生してきた契機であった。「したがってそもそもの問題の端緒は、いかにして積極的な農村アジテーションをおこなうかという実践的な問題提起であったのだ。ところがこの問題を提起した南ドイツの党指導者は、その結論を単に農民保護の要求としてしまい、しかもそれを理論と綱領の修正にまで至らせようとしたところに、対立と混乱が発生したのであった」と山口はしている。そのうえで、エンゲルスは「フランスとドイツの農民問題」で、「農民保護政策を否定しているが、同時に他方では、小農に対してもやるべきことがあり、かれらに『とっくり思案させる時間』を与えよと述べている」として、この論文は、「フォルマールからも、正統派（その代表はカウツキー）からも、両派から利用された」。以上は、山口和男「ドイツ社会民主党の農業論争――一九世紀末ドイツ社会主義の思想的性格検出のための一論――」『思想』（490号、1965年、13～27ページ）からの引用である。

ゲアリ・P・スティーンソン（時永淑／河野裕康訳）『カール・カウツキー　1854～1938　古典時代のマルクス主義』（法政大学出版会、1990年）は、その第4章「右派からの挑戦1890－1904年」で「農民問題」という節を起こし、農業綱領をめぐるこの論争で、フォルマールは「党の労働者的性格と革命的性格とをともに否定しようとしていた」としており、それを支持しカウツキーの決議案にたいする攻撃演説を行ったベーベルが、「農業綱領そのものの実現は経済発展の方向を変更するものではなく、ただ農民の苦痛を軽減するだけであろうということ、また、綱領は党の原則と矛盾するものではない」と主張したのに対して、「カウツキーは誤解して、農業綱領の支持者たちはプロレタリアートに対する党の公約を放棄するつもりでいると憶測したが、その時、実際にはその支持者たちの大部分は単に帝国内の他の不満層を動員しようとしていたにすぎなかったのである。」（161ページ）としている。

(17)カウツキーは『農業問題』（1899年刊）で、1895年の農業経営統計から農業経営の経営面積規模別経営数を表示している（向坂逸郎訳、岩波文庫、上巻、229ページ）。それによると、2ha以下が323万6367経営、2～5haが101万6318経営、5～20haが99万8804経営、20～100haが28万1767経営、100ha以上が2万5061経営である。カウツキーは、プロレタリアート（賃金労働者）が、失業して完全にルンペンプロレタリアートの地位に落ち込まないためにやっている自給的農業を「寄生的な矮小経営」（parasitischer Zwergbetrieb）（同下巻、350ページ）としており、5ha以下経営がそれに相当し、本来的農民経営（農業的小経営）は5～20ha経営層と見ている。

ちなみに、わが国にはドイツ農業史家によるとくにプロイセン東部の農業についての豊富な研究があるが、世紀転換期における農民経営の経済的内部構造に着目したのが、加藤房雄『ドイツ世襲財産と帝国主義―プロイセン農業・土地問題の史的考察―』（勁草書房、1990年）である。とくにその第二章「農民経営と地主経営の事例分析・『プロイセン型』の一帰結」が参考になる。

(18)カウツキーは19世紀末の20年間における世界農産物市場を、海外農業との競争、とりわけ「アメリカの略奪農業(Raubbau)との競争であったとしている。『エルフルト綱領解説』(三輪壽壮訳)改造文庫、1930年、47ページ。

(19)レーニン「農業問題と『マルクス批判家』」『レーニン全集』第5巻、171ページ。

(20)なお、カウツキーは、『農業問題』(同上、上巻168ページ)で、1895年の農業統計では、農業経営100経営当たりで、100ha以上経営では蒸気犂機を5・29台、条播機を57・32台、刈取機を31・75台利用していたのに、5~20ha経営ではそれぞれ0・01台、4・88台、0・68台利用するにすぎないとしていた。

カウツキーは、レーニンが主導するボルシェビキによるロシア10月革命に厳しい批判を加え、レーニンからは「プロレタリア革命の背教者」と指弾されるなかで書いた『農業の社会化』(1921年刊)―1899年に刊行された『農業問題』は絶版になっており、第一次世界大戦後に農業事情が全く一変したなかでのマルクス主義農業理論の必要性を感じたとのカウツキーの意識のもとで執筆されている―において、社会主義に向かう過渡経済における農業の社会化において、①村落団体(Dorfgemeinde)による大型の「自治体的農耕」(Kommunale Landwirtschaft)と並んで、②都市団体による「直接にその住民の必要の満足を目当てにした牛乳や野菜など中間段階なしに農場から家事に運ばれる「都市的農業」(Städtische Landwirtschaft)が「すでに社会主義的性質を得た」ものとして、その意義が強調されている。この『農業の社会化』では、「農民的小経営」（der bäuerliche Kleinbetrieb）のままでは「近代的技術すべてに完全に接近する」ことは不可能であって、「小農（Kleinbauer）は社会主義的生産方法が確立するやいなや早晩、**自発的に**（**freiwillig**と隔字で原著では強調されている）彼らのその後の社会的向上の桎梏となるその経営形式を捨て去るであろう」（１０４ページ）とし、「社会主義―望むらくは20世紀のなお大部分がこれに属するであろう―は工業よりもむしろ農業を変革しなければならない」（１１３ページ）とする。そして、冒頭の「農業と資本主義」という章では、「欧州における農民経済の多面性」が経営の永久的継続と、輪作と堆厩肥の生産による地力消耗の回避を避ける条件になっているのに対し、植民地における農業はアメリカにみられるように「迅速に土地を涸渇せしめる濫作 Raubbau」になっているとしている（38ページ）。ところが、「農業の社会化」すなわち社会主義が課題とする農業改革（カウツキーの用語では「農業の急進的工業化　die fortschreitende Industrialisierung der Landwirtschaft」（99ページ）においては、カウツキーの念頭からは、「欧州における農民経済の多面性」による「地力消耗の回避」という、マルクス以来の「合理的農業」についての議論がまったく消えている。カウツキーは、過渡期における大農業経営にとって、「自然と人間の物質代謝の亀裂」を克服する条件は自動的に与えられていると考えたわけではないであろうに。Karl Kautsky, Die Sozialisierung der Landwirtschaft, mit einem Anhang von A. Hofer, Der Bauer als Erzieher, Berlin ,1921（同書はScholar SELECTの復刻版がある）カール・カウツキー（河西太一郎訳）『農業の社会化』アルス刊、1937年。

(21)ジョン・ベラミー・フォスター前掲訳書、262ページ。

ちなみにA・チャヤーノフ（1888〜1939年、スターリンによる粛清で逮捕され、流刑地で死去）は、まさにネップの最中に出版した『小農経済の原理』（ロシア語の改訂版、1924年）において、「資本主義が、単純な商業資本主義やマニュファクチュアの原初的形態から工場制や全工業のトラスト化へと漸進的な発展段階を辿るように、（社会主義経済への移行形態としての〈引用者挿入〉）国家資本主義も―農業においては協同組合的諸形態に発展しながら―不可避的に、その歴史的発展の漸進的段階を通過しなければならない」としていた（磯辺秀俊・杉野忠夫訳、大明堂、1967年、350ページ）。磯辺は1956年に執筆した「改訂版訳者序文」で、チャヤーノフの研究から、「本世紀から20年代初めに至る頃のロシアの農民経済の具体的な姿をほぼ脳裡に描くことができた。これをドイツ農業と比較するに、その経営組織は、おおよそ一世紀近く、少なくとも半世紀以上の遅れが感じられる。耕種方式、飼料獲得方式したがって養畜組織においてとくにそうである」（同書3ページ）としたうえで、「いまこれに興味を感ずるのは、ただ或る時期のおけるロシア農業の知識としてのみでなく、これを基とした編成替えによって築き上げられたソ連集団化農業の基底に横たわる今日の問題を探る手掛かりとなると思われるからである」（同4ページ）と、農業集団化が「社会主義の勝利」と手放しで評価できるどころではなく、問題を抱えているのではないかと危惧していたようである。

なお、和田春樹は、チャヤーノフの『農民ユートピア国旅行記』（1920年発表、和田春樹・和田あき子訳、晶文社セレクション、1984年）の「解説　チャヤーノフとユートピア文学」で、1928年以降、チャヤーノフが「階級的農民的協同組合から農業の社会主義的改造」を「ソホーズ、コルホーズ、協同組合、残存個人経営の混合体ではなく、郷ぐるみの単一共同経営」でなければならないと、公式イデオロギーに従うような主張をしている（ただし、スターリン的農業集団化を支持したわけではない）」としている（同訳書、179ページ以下）。

さらに、T・ベルクマン（1981年までホーエンハイム大学の国際比較農政学講座教授）は、1995年にF・エンゲルスの没後100周年（エンゲルスは1895年8月5日にロンドンで死去）を記念して西部ドイツのノルトライン・ヴェストファーレン州のヴッパータール（エンゲルスの生誕地バルメンはその近郊の村）で開催されたシンポジウム「ユートピアと批判の狭間で」で、以下のように報告している。

「ロシアでは1929年から33年、中華人民共和国では1956年から58年に、強引に最後には暴力的に強行された数百万の小農民の集団化は、エンゲルスの忠告、すなわち、新しい社会、新しい生産関係、新しい生産力に農民がその社会意識を適合させるには時間がかかるという忠告に異議をとなえるものであった。……農民の考えを無視し、農民が新たな経営方式と一体感を持つことを困難にさせたことが、協同組合（ないし人民公社）が十分な成果をあげられなかったことにつながっている。」Theodor Bergmann, Mario Keßler, Joost Kircz, Gert Schäffer (Hrsg.) Zwischen Utopie und Kritik, Friedrich Engels–ein《Klassiker》nach 100 Jahren, VSA-Verlag Hamburg, 1996, S.187-88.

(22)M・レヴィン（荒田洋訳）『ロシア農民とソヴェト権力　集団化の研究1928−1930』（未来社、1972年。原著は1966年刊）、421ページ。

なお、「ネップの一般的危機を告げる1927−28年の冬の「穀物危機」と1929−30年の冬の間に突発した大衆的な、強行された、加速された集団化の開始との間の「幕間」を研究」したM・レヴィンは「ネップの自立的運動は、最初は目覚ましい成果をあげたが、その当然の進行を続けるうちに、体制を袋小路に追い込んだ。党は、その内部抗争に没頭しており、有効で時宜をえた手段でこの袋小路を避けることができなかった。他方、権力は、ネップの数年間を、農民と相互理解に達する術を学び、農村において自己を確立し、非国家的な協同組合運動あるいは有効な集団的経営形態を農村において発展させるために、有効に利用しえなかった。」（423ページ）とした。

(23)インターネット・長友謙次（農林水産政策研究所）「ロシアの農業・農政―穀物を中心として」、2012年6月19日による。なお、野部公一「ノート　ロシアにおける農業構造改革―農民経営と住民経営を対象に―」『農業総合研究』第50巻第4号（1996年10月）も参照。

(24)1980年代における中国の集団農業（人民公社）の解体と家族農業の復活については、近藤康男・阪本楠彦編『社会主義下蘇る家族経営』（農文協、1983年）がいち早く調査研究している。また宮島昭二郎編著『現代中国農業の構造変貌』（九州大学出版会、1993年）も参照。

(25)ポーランドの農業経済学者J・テビヒトの『マルクス主義と農業―ポーランド農民』（1973年

刊）を中心に、是永東彦は、集団化農業が小農経済の「寄せ集め」であって、集団化農業は畜産が苦手で、畜産は個人経営に任せる、つまり個人経営の存続を許容する段階にあった１９６０年代後半の東欧諸国の集団化農業の性格を検討している。ヨーロッパ農業における小農的農業の支配的経営形態が有畜複合経営であったというヨーロッパ農業における畜産の農法的性格および小農経済的性格に密接に関連しているという面から集団化農業の検討を行ったことは記録されてしかるべきであろう。是永東彦「ノート　小農経済と集団化農業―Ｊ・テビヒトの所説をめぐって」『農業総合研究』第29巻3号、１９７５年、１０７～１２３ページ。

(26)レーニン前掲、１３６ページ参照。

山岡亮一は、１９５０年代の西ドイツ農業を分析して、トラクターよりコンバインの普及が遅れている「西ドイツの現在における農業機械化の段階」は第１段階を通過したものの第２段階にはまだ達していない「いわば過渡期の機械化段階」にたって、「適当な表現ではないが、工業部門での概念をこれにあてはめて考えれば、農業はようやくマニュファクチュア段階に達したものといってよかろう」としていた、山岡亮一「戦後西ドイツにける農業の発展と新しい農業経済理論」『農業経済理論の研究』有斐閣、１９６２年、１６４～65ページ。

(27)バイエルン州が、歴史的に旧東ドイツ北東部（オストエルベ）における大規模な領主農場（ユンカー）支配と異なって、農民的土地保有が支配的であった理由については、バイエルン州生まれのＬ・ブレンターノが『プロシャの農民的土地相続制度』（我妻榮・四宮和夫共訳、有斐閣、１９５

6年）で詳細に分析している（Lujo Brentano, Erbrechtpolitik−Alte und neue Feudalität, 1899)）。

(28)現代ドイツの資本型家族農業経営が大型機械の運転・修理技術を習得したドイツ人を雇用することが経営的に困難であることについては以下を参照されたい。拙著『現代ドイツの家族農業経営』筑波書房、130〜36ページ。

岩崎徹「農業経済学の根本問題─農業経済学の方法と小農概念の再検討─」（札幌大学『経済と経営』第45巻第2号、2015年3月）は、経済グローバル時代の「農業の基本的価値」の理論的根拠を求めることと、小農没落論や小農「過渡的存在論」からの脱却を図ることを問題意識とするとしている。その結論とするところは、「これからの家族農業は、かつての『孤立分散した農民』ではなく、ある意味では従来の家族農業の概念を超えたもの、高度な技術と情報力に導かれたシュウマッハーのいう『中間技術』、すなわち『地域と人間の顔をもった技術』を駆使した地域循環型農業を営む家族農業である。……『合理的農業』と大規模農業とは調和的でない」ということにある。現代の家族農業の技術を「シュウマッハーの中間技術」とするのは要検討であるが、ともかくも現代の家族農業が地域循環型農業を営む可能性を大規模農業よりももっているとするところは同意できるところである。

(29)エンゲルスは、1872年から73年にかけて執筆した、プルードンの住宅問題についての論説を批判する「住宅問題」で、都市と農村の対立問題について以下のように論じている。

「都市と農村の対立を廃止すること（die Aufhebung des Gegensatzes zwischen Stadt und Land)

がユートピアでないのは、資本家と賃金労働者の対立を廃止するのがユートピアでないのと、なんら選ぶところがない。この対立の廃止は、工業生産にとっても、農業生産にとっても、日ごとにますます実際的な要求になっている。リービヒが農業化学についてのその著書のなかで要求したほどに、声高くこのことを要求した者はだれもいない。そこでは、人間が畑からうけとったものは畑に返すということが、つねに彼の第一要求になっており、また、都市、ことに大都市の存在だけがこれを妨げていることが証明されている。ここロンドンだけでも、ザクセン王国全体がつくりだすよりももっと大量の糞尿が毎日毎日莫大な費用をかけて海に流されていることを知り、そしてこの糞尿が全ロンドンを汚染しないように防ぐのにどんなに大がかりな設備が必要とされているかを知るとき、都市と農村の対立の廃止というユートピアは、きわだって実際的な基礎をもってくる。比較的に小さいベルリンでさえ、すくなくとも30年このかた、自分の汚物の悪臭に息がつまりそうになっているのだ。これに反してプルードンのように、今日のブルジョア社会は変革するが、農民はそのままにしておこうと望むのは、まったくのユートピアである。人口が全国にできるかぎり平均に分布するようになったときにはじめて、工業生産と農業生産が緊密に結びつけられ、くわえるにそれによって必要となった交通手段の拡張が実現されたときにはじめて――その場合、資本主義的生産様式はすでに廃止されているものと前提して――、農村住民が数千年の昔からほとんど常住不変の生活をおくってきた孤立と愚昧化の環境から、彼らを引きだすことができる。人間の歴史的過去によって鍛えられた鎖からの人間の解放は、都市と農村の対立が廃止されてはじめて完全となる、と主張することが、ユートピアなのではない。」『マルクス＝エンゲルス全集』第18巻、277～78ページ。

(30)山岡亮一は『農業経済理論の研究』（有斐閣、1962年）で、「資本主義の発展した段階においては、小経営的生産様式は、農業における三分割制（地主、資本家、労働者への）の下で、分化分解を続けながらも、その余命を保って行く。」（210ページ）「小農民は一面では小資本家であり、小土地所有者ではあるが、かれにとっては資本の平均利潤の獲得というのは問題とならず、地代の獲得も問題にならぬ。生産物をうって自分自身の賃金に相当する部分がえられるかぎり、かれは生産をつづける。要するに、資本主義社会においては、小農の全面的消滅はありえない。」（同218ページ）とし、さらに「資本主義社会においては、土地所有の制約をたち切ることを得ず、次の社会構成体即ち社会主義或いは共産主義社会の課題として持込まれる結果となった。小経営生産様式の問題、即ち資本主義下の小農も遂に資本主義社会はこの問題を解決することが出来ず、次の構成体にゆだねられたことは既にのべたところである。」とした（同292ページ）。さらに1972年3月の京都大学経済学部教授定年退官に際する最終講義では、「現実には、資本主義が高度に発展しても、小農は資本による収奪を受けながら長らく存続するし、恐らく現存する各国資本主義それ自体は小農問題を克服する力をもたないだろう。そこで、資本主義社会ではどうにも解決できない問題を、小農の形態で持ち込まれた社会主義が、これにどう対応していくかが大きな問題」であるとした。

ところが、現代では「資本主義が農業を直接かつ実質的に包摂する時代」、すなわち農業の生産力が大経営だけでなく小規模家族農業経営でも完全に機械制大工業の段階に到達させ、「小農」とは歴史的範疇を異にする「家族農業経営」を成立させたのである。けだし、社会主義はネガティブな経営主体である「小農」を持ち込まれるのではなく、社会主義社会にとってポジティブな経営主体としての「家族農業経営」を受け取ることができると考えられる。

なお、H・プリーベ（Hermann Priebe　ギーセン大学教授・フランクフルトの「農民的家族経済研究」所長）は、1958年1月に開催された「社会的市場経済推進協議会第10回大会」で行った講演「構造発展の可能性と限界」で、「アメリカ農業は掠奪耕作をこととし、休閑地がふえ、農村地帯の人口減少を生来する」と理解したうえで、以下のように発言した。「高度に発達した農業とは、アメリカ大工場的農業でもなく、又ソビエト型のコルホーズ、ソフホーズでもない、小企業経済の形態こそ望ましい」のであって、「生物学的、技術的並びに社会的発展の必ずしも完全に同一の方向をとらない傾向及び諸力を特定の経営形態においてどのように統合するかという点こそが問題である。しかもその際経済的に有利性のある生産、更に長年月にわたる生産性の保持を目的とすると共に、現代の社会的な考え方にふさわしい労働形態と、生活様式をつくり出す必要があるのであり、「農民型の高度に機械化された輪栽式経営」は「わたしの考えでは、農業の現在迄の発展における一つの最高の形態といってよい。」とした。山岡亮一は、このプリーベを西ドイツにおける1950年代の農業構造改善政策と関連する「新しい農業経済理論」として紹介した。ただし、この路線での農業構造改革が農産物の過剰生産の危険をもたらすことを痛切に感じていたプリーべは「もっとも劣悪な条件の農業経営切捨て、すなわち貧農の農業外への脱落促進である」としていたとして、「現在の中農層の内実にてらした性格づけについては機会を見て果たしたい。このことはプリーべの理論に対する最も鋭い批判となる筈である」とした。山岡亮一、前掲書、166～81ページ。

なお、以上のような、現代の先進国における農民家族経営を、「小農」とは歴史的範疇を異にすると理解し、それが「工業的農業」の合理的農業への転換を担えるという主張は、中島紀一が前掲著『「自然と共にある農業」への道を探る』の第7章「家族農業と有機農業」で、日本の小農制＝「歴史性が明確な『百姓』とムラの農業体制」と理解し、それが「これからも当分の間は（小農制に替わる十分に持続性のある安定した農業体制が作り出され、成熟していくまでは）農業の主要な合理的形態でありうる、そこにこそ私たちの時代の農業の道がある」（138ページ）とし、「家族農業の文明史的とも言うべき積極的意義、その豊かな再建論が、新しい時代状況から期待されるものとして強く大きく提起されなくてはならないと考える」（133ページ）への、私なりの回答でもある。農民家族経営は、「当分の間」どころではなく、「将来性のある農業」すなわち脱資本主義の協同（コンミューン）社会における農業の担い手たりうるのである。また、私のように理解すれば、中島が提起する「農村市民社会論」（同書第11章）も、「21世紀全体を射程とした展望」ではなく、それを形成する担い手がすでに現実に存在すると考えられるのではないか。

第４章　わが国農業がめざすべき方向

―水田農業の総合的展開と耕畜連携―

穀物の輸出規制にどう対処するか

新型コロナの感染拡大で不安が高まるなか、さっそくロシア、ウクライナ、ベトナムが小麦や米の輸出に上限を設けたり、禁止したりする措置をとるなど、自国に穀物を囲い込む動きが出ている。これに自由貿易を推進する主要20か国・地域（Ｇ20）の農相が懸念を表明したのは当然であろう。しかし、ＦＡＯ（国連食糧農業機関）がＷＨＯ・ＷＴＯとの共同声明で、輸出規制の抑制とともに、いっそうの食料貿易自由化を求めたのはいただけない。ＦＡＯはＳＤＧｓの掲げる飢餓克服のためには家族農業を守ろう、農業国際分業ではダメだという「家族農業の10年」「農民の権利宣言」の国連での採択を後押ししたのではなかったか。

コロナ禍は、農業の輸出産業化をめざすアベノミクス成長戦略の破綻を明らかにしている。今こそ、わが国農政の基本を輸出規制に耐えられる食料自給率の引上げに転換させるべきである。

表4―1をごらんいただきたい。農業基本法（1961年）農政が本格化していた1965年には水田はまだ140％も利用されており、この年の食料自給率（カロリーベース）は73％であった。ところがその10年後の1975年には水田利用率は97・6％と100％を下回り、食料自給率も54％に落ちた。その後の稲作減反と麦・大豆作の壊滅的後退は見てのとおりである。そして、最下段の2020年は、食料自給率の40％から50％への回復を目標にした民主党政権の「食料・農業・農村基本計画」（2010年）が示した水田の主要作物作付け目標（水田利用率135％）である。穀物の輸出規制にも動じないわが国の食料保障は、この目標の達成を当面の目標にすればよ

表4-1　水田の主要作物作付け面積（万 ha）

	水田面積	水稲	加工用米	麦	大豆	なたね	れんげ	水田利用率（%）
1960	315	315	0	66	51	9	27	149
1965	316	312	0	90	18	4	17	140
1975	296	272	0	8	9	0	0	97.6
1980	286	238	0	21	7	0	0	93.0
1989	269	210	0	26	15	0	0	93.3
1995	258	211	0	12	7	0	0	89.1
2003	244	167	0	18	15	0	0	82.0
2007	239	171	3	10	10	0	0	81.2
2015	239	140	10	28	14	0	0	80.3
2020	**235**	**162**	**29**	**65**	**40**	**10**	**10**	**135**

出所：農水省統計より作成

いのである。ちなみにこの基本計画の企画部会長は鈴木宣弘東大教授であったが、鈴木教授が最新の論稿（『世界』2020年7月号）でも主張されているように、飼料作物の自給率アップが食料自給率引き上げの基本なのである。

水田農業の総合的展開

まずは、水田農業の総合的展開による利用率アップを通じて農業生産力を引き上げることが求められる。

①　主食用米はその完全自給に必要な作付面積を確保したうえで、麦・大豆の生産拡大を本格化させる。加えて、飼料米やWCS稲（ホールクロップサイレージ稲）を本作化する。

②　そうした水田農業の総合化による生産力の引上げは、低農薬・低化学肥料・エコロジー水田農業への転換と一体的であるべきである。発がん性が疑われる除草剤グリホサートの散布量の削減をJA陣営は共通目標にすることを広く公表すべきである。スマート農業はエコロジー水田農業の推進に活用できる。

③　鶴や白鳥など渡り鳥の飛来地や、トキ・コウノトリなどの生息地では、冬期水張り水田や湿地保全が求められ、JAはその生態系維持の先頭に立つべきである。

④　中山間地域では水田における牧草栽培と放牧利用、さらに里山牧野利用を含めて、水田と里山

の一体的利用の再生をめざす。限界集落の増加や農家の高齢化のなかでは、集落営農やＪＡなどの協業組織がそれを支えることが不可欠であり、政策的バックアップが求められる。

地域農業の耕畜連携への構造転換

水田における飼料米を初めとする飼料生産は、とくに都府県の畜産を特徴づけた輸入飼料依存の加工型畜産を、本格的に地域の水田耕種農業と結合する畜産への構造転換、すなわち、地域農業の耕畜連携への構造転換への契機となりうる。

さらに、畜産廃棄物、すなわち家畜糞尿を堆肥原料にするだけでなく、メタン発酵原料とすることでバイオガス製造が可能である。バイオガスは発電用（発電にともなって発生する熱も利用できる。いずれも農家の所得を補てんする）や、ガスボイラーの燃料としても利用できる。メタン発酵後の消化液の撒布農地は畜産農家の飼料畑に限らず、飼料米・ＷＣＳ稲が栽培される水田への撒布に広げることができる。つまり、飼料での耕畜連携とともに、廃棄物循環での耕畜連携が可能で、これは確実に地域農業を活性化させることにつながる。

域内飼料自給率のアップ

ここで愛媛県西予市のＪＡひがしうわの「担い手を育て、生命（いのち）を育む産地づくり」と題する第3期農業振興計画（2020～24年度）を紹介しよう。JAひがしうわの事業エリアは、良食味米「宇和米（うわまい）」を産する標高が250m余りの内陸盆地・宇和平野（約1000ha）をかかえ、しかも四国を代表する酪農・肉牛産地である。酪農経営45戸、肉牛経営60戸は、いずれも愛媛県内の半数を占める。生乳販売額17億円、肉牛販売額17・8億円を合わせると、JAひがしうわの農産物販売額54・5億円の63・9%を占める。

私を含む愛媛大学農学部のスタッフもその策定に協力してきた農業振興計画は、第1期計画（2010～14年度）以来、一貫して水田農業の総合化と耕畜連携の推進による地域循環型農業を目標にしてきた。**図4－1**をごらんいただきたい。これは、第3期農業振興計画（2020～24年度）の「水田農地利用計画」である。

宇和平野1000haに加えて中山間地の水田の荒廃を防ぎ、水田1700haを保持する。主食用米作付け1145ha（67・4%）に加えて、加工用米・飼料用米175ha、麦（小麦）・大豆380haの作付けを目標にする。飼料作は畑地200haでの牧草とコーンソルガムが加わる。耕畜連携の推進では、酪農経営が刈取り・ラッピング作業を担うコントラクター組合や粗飼料生産組織を支援し、管内での飼料自給率のアップをめざす。さらに、家畜排泄物の有効利用を図るバイオガス発電事業とメタンガス消化液の農地撒布による畜産農家支援と環境にやさしい農業の展開をめざす。

今、多くのJAは広域合併のなかで、管内にまとまった畜産を有するようになっている。市場開放だ

図4-1　水田農地利用計画

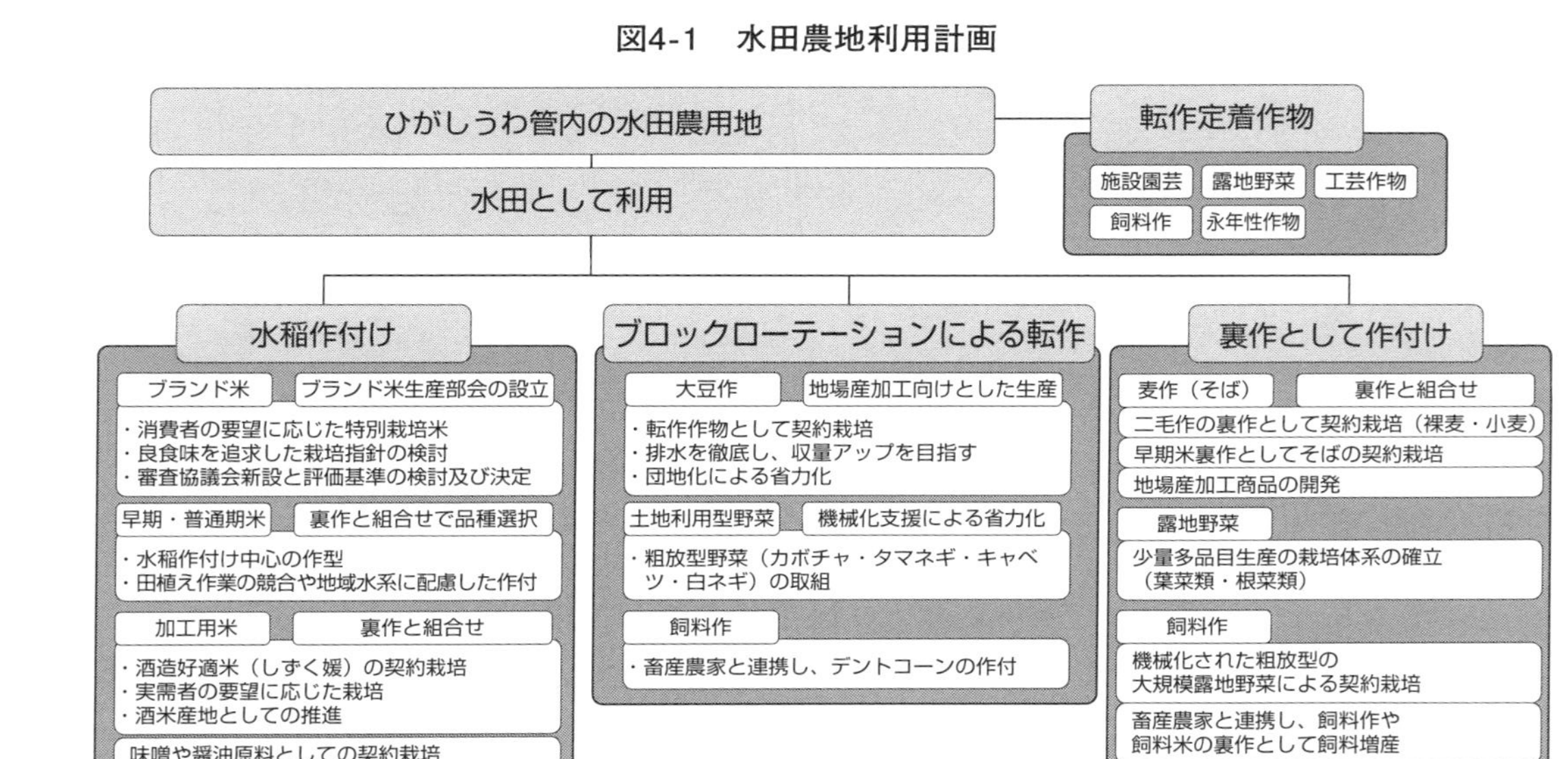

資料：JAひがしうわ「第３期農業振興計画」より

けでなくコロナ禍にも苦しむ畜産農家を励まし、水田農業の総合的展開と耕畜連携を推進し、食料自給率の本格的引上げに道筋をつける役割がＪＡには期待されている。加えて、それをバックアップする農政への転換を求める大胆な農政運動をＪＡは再生させるべきである。

【引用・参考文献】

アンドレアス・レダー（板橋拓己訳）『ドイツ統一』岩波新書、2020年
磯田宏「新自由主義グローバリゼーションと国際農業食料諸関係再編」田代洋一・田畑保編『食料・農業・農村の政策課題』筑波書房、2019年所収。

磯辺秀俊編著『家族農業経営の変貌過程』東京大学出版会、1962年。

磯辺秀俊『農業経営学 改訂版』養賢堂、1971年。

岩崎徹「農業経済学の根本問題―農業経済学の方法と小農概念の再検討―」（札幌大学『経済と経営』第45巻第2号、2015年3月。

A・チャヤーノフ（磯辺秀俊・杉野忠夫訳）『小農経済の原理』大明堂、1967年。

A・チャヤーノフ（和田春樹・和田あき子訳）『農民ユートピア国旅行記』晶文社セレクション、1984年。

N・ワース（荒田洋訳）『ロシア農民生活誌』平凡社、1985年
F・エンゲルス「フランスとドイツにおける農民問題」『マルクス＝エンゲルス全集』第22巻。

F・エンゲルス「住宅問題」『マルクス＝エンゲルス全集』第18巻。

M・レヴィン（荒田洋訳）『ロシア農民とソヴェト権力　集団化の研究1928―1930』未来社、1972年。

L・ブレンターノ（我妻榮・四宮和夫共訳）『プロシャの農民的土地相続制度』有斐閣、1956年。

大内力「資本主義と農業問題」『思想』No.497、1965年。

加藤房雄『ドイツ世襲財産と帝国主義―プロイセン農業・土地問題の史的考察―』勁草書房、1990年。

蟹江憲史『SDGs（持続可能な開発目標）』中公新書、2020年
K・カウツキー（三輪壽壮訳）『エルフルト綱領解説』改造文庫、1930年。

K・カウツキー（河西太一郎訳）『農業の社会化』アルス刊、1937年。

K・カウツキー（向坂逸郎訳）、『農業問題』岩波文庫（上・下巻）1946年。

K・マルクス（日本共産党中央委員会社会科学研究所監修）『新版資本論』新日本出版社、2020年。

K・マルクス「バクーニンの著書『国家性と無政府』摘要」『マルクス＝エンゲルス全集』第18巻。

河合信晴『物語　東ドイツの歴史・分断国家の挑戦と挫折』中公新書、2020年
河原林孝由基「ドイツ・バイエルン州にみる家族農業経営」村田武編『新自由主義グローバリズムと家族農業経営』筑波書房、2019年所収。

楠部孝誠「有機物循環と農業」「農業と経済」編集委員会監修『新版キーワードで読み解く現代農業と食料・環境』昭和堂、2017年
クリストファー・D・メレット／ノーマン・ワルツァー編著（村田武・磯田宏監訳）『アメリカ新世代農協の挑戦』家の光協会、2003年。

ゲアリ・P・スティーンソン（時永淑／河野裕康訳）『カール・カウツキー　1854〜1938　古典時代のマルクス主義』法政大学出版会、1990年。

コノー・J・フィッツモーリス／ブライアン・J・ガロー（村田武・レイモンド・A・ジュソーム・Jr.監訳）『現代アメリカの有機農業とその将来』筑波書房、2018年。

是永東彦「ノート 小農経済と集団化農業―J・テビヒトの所説をめぐって」『農業総合研究』第29巻3号、1975年。

近藤康男・阪本楠彦編『社会主義下蘇る家族経営』農文協、1983年。

斎藤幸平『大洪水の前に―マルクスと惑星の物質代謝』堀之内出版、2019年。

佐藤加寿子「ニューイングランドの酪農協同組合と小規模酪農」村田武編『新自由主義グローバリズムと家族農業経営』筑波書房、2019年所収。

椎名重明『農学の思想・マルクスとリービヒ』東京大学出版会、1976年。

シーボルト（斎藤信訳）『シーボルト　江戸参府紀行』東洋文庫、平凡社、1967年。

小規模・家族農業ネットワーク・ジャパン（SFFNJ）『よくわかる国連「家族農業の10年」と「小農の権利宣言」』農文協ブックレット、2019年3月。

ジョン・ベラミー・フォスター（渡辺景子訳）『マルクスのエコロジー』こぶし書房、2004年。

鈴木宣弘『食料の海外依存と環境負荷と循環農業』筑波書房、2005年。

田代洋一・田畑保編『食料・農業・農村の政策課題』筑波書房、2019年。

津谷好人「戦後西ドイツにおける農民経営の展開」椎名重明『ファミリーファームの比較史的研究』御茶の水書房、１９８７年所収。

デヴィッド・ハーヴェイ（大屋定晴他訳）『資本主義の終焉・資本の17の矛盾とグローバル経済の未来』作品社、２０１７年
野部公一「ノート　ロシアにおける農業構造改革―農民経営と住民経営を対象に―」『農業総合研究』第50巻第４号（１９９６年10月）。

久野秀二「世界食料安全保障の政治経済学」田代洋一・田畑保編『食料・農業・農村の政策課題』筑波書房、２０１９年所収。

不破哲三『新・日本共産党綱領を読む』新日本出版社、２００４年。

不破哲三『「資本論」のなかの未来社会論』新日本出版社、２０１９年。

松浦利明「西ドイツ農業における階層分化」的場徳造・山本秀夫編著『海外諸国における農業構造の展開』農業総合研究所、１９６６年所収。

宮島昭二郎編著『現代中国農業の構造変貌』九州大学出版会、１９９３年。

村上陽一郎編『コロナ後の世界を生きる―私たちの提言』岩波新書、２０２０年11月10日。

村田武『現代ドイツの家族農業経営』筑波書房、２０１６年。

村田武編著『新自由主義グローバリズムと家族農業経営』筑波書房、２０１９年。

村田武『家族農業は「合理的農業」の担い手たりうるか』筑波書房、２０２０年。

ラザフォード・オールコック（山口光朔訳）『大君の都―幕末日本滞在記』岩波文庫・上中下3巻、１９６２年。

リービヒ（吉田武彦訳・解題）『化学の農業および生理学への応用』北海道大学出版会、２００７年。

レーニン「農業問題と『マルクス批判家』」『レーニン全集』第5巻。

山口和男「ドイツ社会民主党の農業論争―一九世紀末ドイツ社会主義の思想的性格検出のための一論―」『思想』４９０号、１９６５年。

山岡亮一『農業経済理論の研究』有斐閣、１９６２年。

横井利直・江川友治・蜷木翠・松崎敏英訳『ハワードの有機農業（上）（下）』農文協・人間叢書、２００２年。

吉田文和『環境と技術の経済学』青木書店、１９８０年。

Alois Heißenhuber, Zukunftsperspektiven der bäuerlichen Landwirtschaft, in Ina Limmer und vier andere（Hrsg.）, Zukunftsfähige Landwirtschaft, 2019.

Kimberly Ann Elliott, Global Agriculture and the American Farmer Opportunities for U.S. Leadership, Center for Global Development, Washington, D.C., 2017.

Theodor Bergmann, Mario Keßler, Joost Kircz, Gert Schäffer (Hrsg.), Zwischen Utopie und Kritik — Friedrich Engels — ein《Klassiker》nach 100 Jahren, VSA-Verlag Hamburg, 1996.

【著者略歴】

村田 武 [むらた たけし]

1942年 福岡県生まれ

金沢大学・九州大学名誉教授 博士（経済学）・博士（農学）

近著：『家族農業は「合理的農業」の担い手たりうるか』筑波書房，2020年

『新自由主義グローバリズムと家族農業経営』（編著），筑波書房，2019年

『現代ドイツの家族農業経営』筑波書房，2016年

『日本農業の危機と再生―地域再生の希望は食とエネルギーの産直に』かもがわ出版，2015年

『食料主権のグランドデザイン』（編著）農文協，2011年

農民家族経営と「将来性のある農業」

2021年4月20日 第1版第1刷発行

著　者◆村田 武
発行人◆鶴見 治彦
発行所◆筑波書房
東京都新宿区神楽坂2-19 銀鈴会館 〒162-0825
☎ 03-3267-8599
郵便振替 00150-3-39715
http://www.tsukuba-shobo.co.jp

定価はカバーに表示してあります。

印刷・製本 = 中央精版印刷株式会社
ISBN978-4-8119-0598-3 C3061